普通高等教育艺术设计类新形态教材

人体工程学

THE ERGONOMICS

李光亮　金　纯　**编著**

中国轻工业出版社

图书在版编目（CIP）数据

人体工程学 / 李光亮，金纯编著. --北京：中国轻工业出版社，2025.4. --ISBN 978-7-5184-5456-3

Ⅰ. TB18

中国国家版本馆CIP数据核字第202549J5E5号

责任编辑：李　争　　责任终审：高惠京　　设计制作：锋尚设计
策划编辑：王　玙　　责任校对：朱　慧　朱燕春　　责任监印：张京华

出版发行：中国轻工业出版社（北京鲁谷东街5号，邮编：100040）

印　　刷：天津裕同印刷有限公司

经　　销：各地新华书店

版　　次：2025年4月第1版第1次印刷

开　　本：870×1140　1/16　印张：8

字　　数：210千字

书　　号：ISBN 978-7-5184-5456-3　定价：58.00元

邮购电话：010-85119873

发行电话：010-85119832　010-85119912

网　　址：http://www.chlip.com.cn

Email：club@chlip.com.cn

版权所有　侵权必究

如发现图书残缺请与我社邮购联系调换

240862J1X101ZBW

前言 PREFACE

当今社会,随着科技的不断进步,人们对于工作和生活品质的要求越来越高。良好的工作条件和宜人的生活环境已经不是一种奢侈,而是成为人们的基本需求。在这个背景下,人体工程学显得愈发重要,成为关键的研究领域之一。人体工程学致力于创造更人性化、易操作、适应性强的技术系统,以确保工作更加安全和舒适。在这个不断追求卓越的时代,人体工程学的发展将为社会的可持续进步和人类文明的发展做出积极贡献。

人体工程学的起源可追溯到 20 世纪初期,并在军事、航空航天等领域的需求推动下逐渐发展壮大,从最初对机器和人的交互研究,逐渐演变为一个跨学科、综合性强的研究领域。20 世纪 50 年代后期至 60 年代初期,人体工程学逐渐成为一个独立的学科。人们开始将对人类行为和心理的研究应用于设计更加人性化的技术系统。随着计算机技术的迅速发展,人体工程学在计算机领域的应用变得尤为重要。对计算机界面和用户体验的研究推动了人体工程学在设计软硬件界面方面的发展。

中国的人体工程学发展经历了多个阶段,起步相对较晚,但在过去几十年里取得了显著进展。在信息技术快速发展的背景下,中国的科技公司开始注重产品的人体工程学设计,以提高用户满意度和竞争力。同时,医疗、交通、教育等领域也在积极应用人体工程学理念,改善相关系统和服务。随着国际合作的加强,中国的人体工程学研究逐渐融入国际学术体系,并与国际同行分享经验和成果,推动了该领域的全球发展。总体而言,中国的人体工程学发展经历了从工业应用到广泛领域的扩展,取得了显著成就。随着科技的迅速进步,人机交互、用户体验、人工智能等领域的发展日新月异,而针对这些领域的新兴技术和理论,需要更多内容全面而深入的书籍来深化人体工程学的知识体系。

本书系统地介绍了人体工程学在工业设计方面的应用,由北京理工大学李光亮教授率领课题组的研究团队齐心协力编写而成。本书不仅代表了团队在该领域的重要研究成果,更是对人体工程学这一跨学科领域的总结与展望。本书为设计专业的学生提供了一份深入浅出的人体工程学教材,将人体工程学的基本理论与实践教学相结合,使人体工程学的理论对于设计专业的学生而言既易于理解又能够激发创造力,突出实用性,使其在未来的设计实践中能够更加得心应手地运用人体工程学的原理和方法，创造出更符合人们需求的设计作品。

参加本书编写的有金纯、王一凡、张月、宿馨心、付子哲、姜博阳、彭元飞、杨旭阳、胡瑞。编写过程中，李光亮教授及其团队成员汇聚了各自的专业知识，以揭示人体工程学对于理解人与技术之间互动的重要性。通过翔实的案例研究和前沿研究成果的呈现，引领读者进入人体工程学的前沿领域，探讨人体结构、行为与技术交互的复杂关系。强调理论与实践的有机结合，通过团队合作不断迭代，确保书中的内容既有深度又具有实用性。每位成员都贡献了独特的专业知识和经验，形成了一种集思广益的合作模式，使本书更具权威性。我们的目标是创造一本能够引导学生深入理解人体工程学的教材，激发他们的设计思维和创新能力。这本书不仅是我们课题组成员共同努力的结晶，更是为培养新一代设计专业人才而努力奋斗的明证。希望这本书能够成为设计师在人体工程学方面的参考，也能为设计领域的学生提供有益的学习资源。

在此对参与书籍编著的作者们表示由衷的感谢。由于编者水平有限、书中疏漏之处难免存在，敬请广大读者批评指正。

编者

2025 年 2 月

目录 CONTENTS

第1章　人体工程学基础

1.1　人体工程学设计基础 ················ 001
   1.1.1　人体与人体工程学 ············ 001
   1.1.2　人体工程学发展趋势 ·········· 003
   1.1.3　人体工程学应用领域 ·········· 006
1.2　人体工程学中人的要素 ·············· 008
   1.2.1　视觉 ························ 008
   1.2.2　听觉 ························ 009
   1.2.3　认知心理学 ·················· 009
   1.2.4　人体测量学 ·················· 009
课后练习 ································ 010

第2章　人体尺寸测量

2.1　人体基础数据 ······················ 011
2.2　人体尺寸测量 ······················ 013
   2.2.1　人体尺寸测量方法 ············ 013
   2.2.2　人体测量学中的百分位概念 ···· 015
   2.2.3　常用人体基本尺寸 ············ 016
   2.2.4　群体的人体尺寸数据 ·········· 020
2.3　人体尺寸应用 ······················ 023
课后练习 ································ 025

第3章　消费电子产品设计

3.1　人体工程学在手机设计中的应用 ······ 026
   3.1.1　手机产品现状分析 ············ 026
   3.1.2　人手部的一般特点 ············ 026
   3.1.3　手部操作姿势分析 ············ 028
   3.1.4　基于人体工程学的手机设计思路 ··· 030
3.2　人体工程学在平板电脑设计中的应用 ···· 031
   3.2.1　外观形态与握持手感分析 ······ 031
   3.2.2　交互界面与操作便捷性 ········ 032
3.3　人体工程学在鼠标设计中的应用 ······ 033
   3.3.1　鼠标的操作分析 ·············· 034
   3.3.2　鼠标操作对手腕的影响 ········ 035
   3.3.3　基于人体工程学的鼠标使用原则 ··· 036
3.4　特殊人群消费电子产品的
　　　人体工程学分析 ···················· 037
   3.4.1　老年电子产品的人体工程学分析 ··· 037
   3.4.2　儿童电子产品的人体工程学分析 ··· 038
   3.4.3　残障人士电子产品的
　　　　　人体工程学分析 ················ 038
3.5　消费电子产品的未来设计趋势 ········ 039
   3.5.1　手势控制技术与眼动跟踪技术 ·· 039
   3.5.2　柔性显示技术与可穿戴技术 ···· 040
   3.5.3　增强现实（AR）与虚拟现实（VR）··· 041

课后练习 ·· 042

第4章　手持工具设计

4.1 手部力量分析 ································· 045
　　4.1.1 握力 ······································· 045
　　4.1.2 姿势和施力方向 ····················· 045
4.2 手部运动特征及相关病患 ············· 047
　　4.2.1 手部运动特性 ······················· 047
　　4.2.2 手部作业姿势不当导致的病患 ··· 047
4.3 手持工具设计原则 ························· 048
　　4.3.1 一般原则 ······························· 048
　　4.3.2 解剖学因素 ··························· 049
课后练习 ·· 050

第5章　显示设计

5.1 显示器设计 ··································· 052
　　5.1.1 显示器分类 ··························· 052
　　5.1.2 显示器选择与设计的基本原则 ····· 053
　　5.1.3 视觉显示器设计 ··················· 054
　　5.1.4 听觉显示器设计 ··················· 055
　　5.1.5 显示界面设计 ······················· 056
5.2 控制器设计 ··································· 057
　　5.2.1 控制器分类 ··························· 057
　　5.2.2 控制器设计原则 ··················· 057
　　5.2.3 控制器的编码 ······················· 058
　　5.2.4 常见控制器 ··························· 061
　　5.2.5 显控协调设计 ······················· 065
5.3 以轨道交通驾驶室内显示设计为例 ··· 066
　　5.3.1 显示器视觉设计 ··················· 067
　　5.3.2 操纵器视觉设计 ··················· 071
课后练习 ·· 073

第6章　座椅设计

6.1 坐具的历史和分类 ························· 074
　　6.1.1 坐具的历史 ··························· 074
　　6.1.2 坐具的分类 ··························· 076
6.2 工作座椅设计 ································· 077
　　6.2.1 工作座椅中的关键尺寸参数分析 ··· 077
　　6.2.2 工作座椅的设计要点 ············· 080
　　6.2.3 国内外标准中对工作座椅尺寸的
　　　　　要求 ······································· 082
课后练习 ·· 088

第7章　汽车设计与人体工程学

7.1 商用车外观人体工程学 ················· 089
　　7.1.1 商用车前风窗清洁方便性 ····· 090
　　7.1.2 商用车驾驶室出入方便性 ····· 092
　　7.1.3 商用车维修及检修口开合方便性 ··· 092
　　7.1.4 视野校核 ······························· 095
7.2 汽车内饰设计 ································· 097
　　7.2.1 汽车内饰材料选择 ················· 097
　　7.2.2 内饰空间布局与人体工程学 ··· 099
　　7.2.3 汽车座椅人体工程学设计 ····· 101
7.3 汽车仪表板与座椅设计 ················· 105
　　7.3.1 汽车仪表板设计基础 ············· 105
　　7.3.2 仪表板视野设计 ··················· 106
　　7.3.3 仪表板的操控人体尺寸设计 ··· 111
　　7.3.4 座椅系统概述 ······················· 112
　　7.3.5 座椅系统的功能设计 ············· 114
课后练习 ·· 119

参考文献 ·· 120

第1章 人体工程学基础

识读难度：★☆☆☆☆
重点概念：尺寸、测量、工程

> **◁ 章节导读**
> 在设计中以人体的尺度、活动空间、心理感受等为依据，通过计算测量得到科学数据，满足人所需要的动态活动和静态活动需求，以及感观、心理、情感等多元化体验需求。

1.1 人体工程学设计基础

在我们生活的环境中，无处不存在与人体工程学相关的东西，如楼道、楼梯台阶、门窗、电网插座、灯具、澡盆、淋浴喷头、橱柜、家具、电脑、键盘、笔、垃圾箱等，都体现着人体工程学在生活中的应用。正因为采用了人体工程学的数据，我们才获得了更加美好和舒适的生活。

1.1.1 人体与人体工程学

当我们提到生活中的尺寸及相关测量时，就涉及关于人体工程学的知识概念，它是经过诸多设计人员的实地设计考究出来的精华，对于设计从业人员来说，人体与尺寸是不可或缺的宝贵知识财富，人体工程学可以帮助设计师解决相关的科学合理性的设计问题。

人体工程学是一个国家制定生产标准的基本技术依据，涉及衣食住行，甚至国防工业（图1-1）。如什么形状的头盔、口罩最适合中国人？多高的课

图1-1 国防工业

桌椅最适合中小学生，多高的座椅坐着才舒服？药盒上的字体多大看着才清晰？衣服、鞋、帽的尺码号型该如何确定？怎样的电脑键盘、鼠标触觉更灵敏舒适？飞机、坦克等驾驶舱的空间尺寸确定依据是什么？这些方方面面的设计都需要人体工程学数据作为设计依据。

1. 人体工程学的概念

人体工程学（Ergonomics）又称为人机工程学、人机工学、人类功效学、人间工学等，是一门涉及面很广的交叉学科。它吸收了自然科学与社会科学的广泛知识内容，是人体科学、环境科学与工程科学相互渗透的产物。它以人为出发点，根据人的心理、生理与身体结构等因素，研究人、机械、环境之间的相互关系，使设计的机器和环境系统适合人的生理、心理等特点，使人在生产中提高效率，安全、健康、舒适地生活、工作。

人体工程学最早被波兰学者雅斯特莱鲍夫斯基（Jastrzebowski）提出，在欧洲名为Ergonomics。Ergonomics的含义也就是"人出力的规律"或"人工作的规律"。日本千叶大学小原二郎教授认为："人体工程学探知人体的工作能力及其极限，从而使消费者所从事的工作趋向适应人体解剖学、生理学、心理学的各种特征。"国际人类工效学联合会则认为人体工程学是一门"研究人在某种工作环境中的解剖学、生理学与心理学等方面的各种因素；研究人与机器及环境的相互作用；研究在工作中、家庭生活中与休假时怎样统一考虑工作效率、健康、安全与舒适等问题的科学"，同学科命名的不同一样，人体工程学在不同的研究领域，其定义也随之变化。

2. 人体工程学产品设计

在办公室中,长时间对着电脑工作的"久坐族"常常会面临一个问题,那就是长时间握持鼠标,导致手指麻木的情况。为了解决这一问题,专门针对成年人手掌大小进行鼠标尺寸设计,并采用蜗形仿生设计,以提供更加舒适的握持体验。通过人体工程学方面的考虑,鼠标的形状与手掌的曲线完美契合,用户长时间使用时感觉更加舒适,减少手部疲劳(图1-2)。

久坐办公除了使用鼠标导致的手指麻木问题,还常常使人感到颈部和背部不适。人体工程学笔记本支架的设计使支架的高度和角度可以根据用户的身高和坐姿习惯进行调整,使屏幕处于最佳视角,减少颈部和眼睛的疲劳(图1-3)。

1.1.2　人体工程学发展趋势

人体工程学设计研究正向着信息化、网络化、智能化方向发展。虽然研究人员主要来自环境工程、环境艺术、心理学、预防医学等专业,但它却是一项实用性很强的学科,可以应用到工业设计、产品设计的各个方面。

随着人们生活水平不断提高,人们的消费观念也在发生变化,产品不仅要求"有用"还要求"好用",所以设计师要注重产品设计的宜人性。现代企业在激烈的市场竞争中,加强人体工程学研究与开发,科学地设计出舒适、安全、健康的产品,是获取消费者信任、取得市场竞争优势的重要手段。发达国家大多5~10年就补充修订一次人体工程学基础数据。我们也需要定期更新属于中国人自己的人体基础数据,为中国人提供更多量身定做的产品和人性化的服务。

图1-2　垂直式鼠标

图1-3　笔记本支架

1. 我国人体工程学发展

我国人体工程学的研究从20世纪30年代开始有少量的开展，改革开放以后才开始系统与深入研究。我国对于人体工程学，最标准的术语是"人类工效学"。1980年4月，国家标准局成立了全国人类工效学标准化技术委员会，统一规划、研究与审议全国有关人类工效学的基础标准的制定。1984年，中华人民共和国国防科学技术工业委员会成立了国家军用人机环境系统工程标准化技术委员会，这两个技术委员会有力地推动了我国人体工程学研究的发展。

人体工程学在设计行业里是一个新兴、高速发展的专业，其应用领域已拓展到了所有与人的活动相关的行业，包括办公用品、家具、手工工具、装备、建筑、室内设计、交通工具以及国防、航空航天设备等领域（图1-4、图1-5）。

虽然我国的人体工程学发展比较快，但还跟不上社会的需要，人体工程学在我国的运用与发达国家相比还是有很大的差距，科研与设计生产的结合还不足，群众普及不够。随着我国科学技术水平的提高，消费者对生活品质要求的提高，我国人体工程学成效的显现也指日可待。

2. 国外人体工程学发展

人体工程学的理念兴起于欧美，不仅受到了市场的关注，也获得了政府的支持，很多国家都出台了相关的法律法规，鼓励与监督企业为员工健康提供人体工程学方面的保护。例如，美国劳动法要求雇主为员工提供安全、健康的办公环境。英国、德国、丹麦等欧洲国家也出台了旨在保护员工健康、提倡人体工程学应用的法规。相关法律法规的制定，为人体工程学产品的应用带来了政策方面的支持。

随着消费者对人体工程学的重视，研究这个领域的专业学会也得到发展。1950年，英国成立了世界上第一个人类工效学学会——"英国人类工效学协会"；1957年9月美国政府创办了"人的因素学会"；1959年成立了"国

图1-4　办公用品设计

图1-5　交通工具设计

际人类工效学联合会";1964年日本成立了"日本人间工学会"。德国早在20世纪40年代就开始重视人类工效学研究,苏联在20世纪60年代就研究工程心理学,并大力发展人类工效学标准化方面的研究。国际人类工效学联合会(International Ergonomics Association)是国际性的专业学会,出版 Ergonomics 会刊。该刊1996年刊登的一组数字比较了各国人类工效学(人体工程学)的学会成员占总人口的比例,以百万分之一(10^{-6})为单位,中国是0.4,俄罗斯是4,韩国是5,日本是17,加拿大是22,可见当时我国人体工程学的研究工作者占总人口比例还很低。

— 补充要点 —

国际人类工效学联合会

国际人类工效学联合会(International Ergonomics Association,IEA),正式成立于1959年。如今,该组织已发展为一个全球性联合会,由来自五大洲多个国家和地区的工效学学会组成,总部设在瑞士苏黎世,拥有众多专业会员。自成立以来,IEA已召开多次国际会议,推动工效学的发展及其在各行业的应用。

目前,IEA的分会遍布世界各地,包括欧洲的英国工效学学会、法国工效学学会、德国工效学学会、意大利工效学学会、波兰工效学学会、北欧工效学学会等,亚洲的中国工效学学会、日本人因与工效学学会、韩国工效学学会、印度工效学学会等,美洲的美国人因与工效学学会、加拿大工效学学会、巴西工效学协会等,以及大洋洲和非洲的相关学会。这些分会共同致力于促进工效学研究,提升人机交互效率,并改善全球工作环境与生活质量。

---

3. 未来发展趋势

随着社会的迅猛发展,设计行业的快速崛起,消费者对空间的舒适性及使用性能要求越来越高,而人体工程学也逐渐在设计中显现出优势,为设计的合理性提供了强有力的支持,未来人体工程学的如下特点也逐渐在设计中显露出优势:

(1)智能化与人机融合:信息技术革命,带来了巨大变革。未来的人机交互将更加智能化,更加注重人与机器的协同和互补,实现安全、高效的人机系统。包括更自然的控制,以及更智能的用户界面设计等。人机融合智能将充分利用人和机器的长处,形成一种新的智能形式,妥善处理合作者个性化的习惯和偏好。

（2）自然化与多模态交互：早期的人机界面很简单，人机对话都是机器语言。由于软件技术的进步，"所见即所得"等交互原理和方法相继产生，并得到了广泛应用。未来，人机交互将更加自然化，采用多模态交互方式，包括语音、手势、视觉等多种方式组合，提供更自然、更便捷的交互体验。利用计算机视觉技术识别用户手势，实现直观、自然的操作方式。通过追踪用户眼球运动，实现对设备的精确控制。借助智能语音识别技术，实现与机器的对话式交互。

（3）情感计算与智能交互：现代设计的风格已经从功能主义逐步走向了多元化和人性化。消费者纷纷要求表现自我意识、个人风格和审美趣味，反映在设计上则是产品越来越丰富、精细化，体现出人情味和个性。未来的人机交互将更加注重情感计算，通过分析用户的情感状态和需求，提供更加人性化、情感化的交互体验。研发具有情感识别和表达能力的机器人，与用户建立更加亲密的关系，提供更加人性化、贴心的服务。

1.1.3　人体工程学应用领域

凡是与人有关的事与物，往往涉及人体工程学问题。随着人体工程学与有关学科的结合，也出现了许多相关学科与应用：

（1）人体工作行为解剖学与人体测量：涉及工作事故、健康与安全，包括人体测量与工作空间设计，姿势与生物力学负荷研究，与工作有关的骨骼、肌肉管理问题，人类健康工程，安全文化与安全管理，安全文化评价与改进等。如耳机设计是人体健康工程的重要组成部分，通过科学的人体工学分析、材料创新和功能优化，可以减少长期佩戴对人听力、皮肤和整体健康的负面影响（图1-6）。

（2）认知人体工程学与复杂任务：包括环境人体工程认知技能与决策研究、环境状况与因素分析、工作环境人体工程等。

（3）计算机人体工程学：包括显示与控制布局设计（图1-7）、人体界面设计与评价软件人体工程、计算机产品与外设的设计与布局、办公环境人体工程研究、人体界面形式等。

（4）人的可靠性专家论证调查研究：包括法律人体工程、伤害原因、人的失误与可靠性研究。

（5）工业设计应用医疗设备（图1-8）：包括座椅的设计与舒适性、家具分类与选择、工作负荷分析研究。

（6）管理与人体工程人力资源管理：包括工作程序、人体规则与实践、手工操作负荷研究。

（7）办公室人体工程与设计：包括医学人体工程办公室与办公设备设计（图1-9）、心理生理学、行为标准、三维人体模型。

（8）系统分析：产品设计与顾客、军队系统、组织心理学、产品可靠性与安全性、服装人体工程、三维人体模型、军队人体工程、自动语音识别。

图1-6　耳机的设计

图1-7　汽车仪表板布局与显示设计

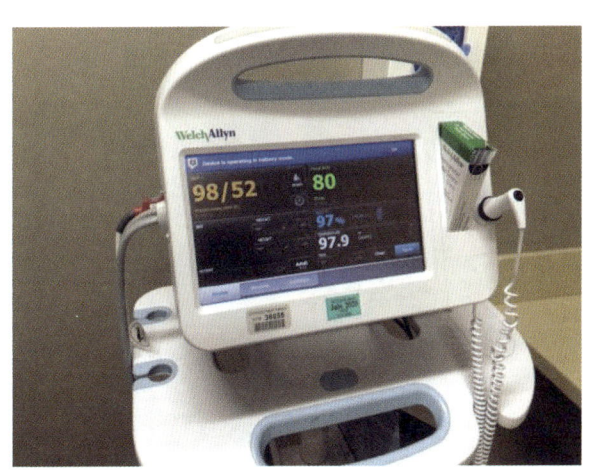

图1-8　医疗设备

图1-9　办公设备设计

1.2 人体工程学中人的要素

1.2.1 视觉

在工业设计中，色彩选择是一项重要的任务。不同的颜色可以传达不同的情感和信息，如红色通常用于指示警示或紧急情况，绿色则常用于表示安全或正常状态。合理选择和运用色彩，可以提高产品的辨识度和用户体验。

图标和标志是产品中常用的视觉元素，它们具有指示功能，以及操作步骤或状态信息提示功能。人体工程学视觉设计要求图标简洁明了、易于理解，并且与用户的认知和习惯相符合，以提高用户的操作效率和满意度。在数字产品和交互式产品中，界面设计起着至关重要的作用。人体工程学视觉设计要求界面布局清晰、功能分区明确，按钮和控件大小适中，颜色搭配和谐，以易于用户对界面理解，提升操作体验。在产品包装中，视觉设计不仅要吸引消费者的注意，还要传达产品的信息和品牌形象（图1-10）。

图1-10 包装视觉设计

1.2.2 听觉

听觉是人类获取外界信息的重要途径之一，仅次于视觉。人耳对声音频率的感觉非常灵敏，噪声能引起暂时的或永久性的听力损伤。内耳中的毛细胞尤其易损，一旦损坏就不能再生。因此，人体工程学在设计中需要考虑如何减少噪声对用户的伤害。例如，设计耳机时，需要考虑声音的频率范围和响度，以提供最佳的听觉体验，动圈式耳机通过优化振膜和磁路系统，提供宽广的频率响应和高保真的音频输出。

1.2.3 认知心理学

如各种交通标志的设计，要使驾驶员容易记忆、识别与理解；计算机操作界面的设计，如Windows图形用户界面，菜单、按钮、滚动条的设置方便了用户的学习与使用。这些元素的设计要符合人的心理，过大、过小都会让人感到不适。

1.2.4 人体测量学

测量是设计中不可或缺的因素，例如，桌椅高度、宽度的设计，楼梯踏步、扶手尺寸的设计，走廊宽度的设计等，考虑儿童与残疾人使用时则需要着重测量后再设计。

— 补充要点 —

人体工程学设计中的问题

1. 设计与行为脱节。设计时，忽视行为的基本空间尺度，造成设计不合理，使用户行为不能有效地展开。

2. 缺乏选择性。设计要与时俱进，不同时期的人对设计有不同的要求与选择，不合理的设计阻碍生产、生活质量的提高。

3. 缺乏使用者的参与。使用者是一个群体性的概念，不同使用者具有不同的审美意识与价值取向，把使用者生硬地塞进雷同的空间，没有使用者的意见参与，是不尊重使用者的表现。

本章小结

　　人体工程学是人性化得到体现的学科，对人的尊重和关心体现了人文精神，将人与产品完美和谐地结合。人体工程学以人为中心的研究方向，重视人的舒适性和安全性的考虑，在设计中，根据消费者实际情况进行设计，让消费者的体验、感受达到最佳。

课后练习

1. 什么是人体工程学？
2. 人体工程学研究的内容有哪些？
3. 人体工程学适用于哪些方面？
4. 观察生活中的事物，列举2~3个人体工程学在生活中的运用例子。
5. 通过网络、书籍等工具，查阅国内外较为优秀的人体工程学的案例。作业数量：将收集的资料和设计方案汇总到PPT中，上课进行展示分享。建议完成课时：4课时。
6. 实地考察当地市政或革命博物馆，观察博物馆展柜设计，从观众和文物工作者两个角度思考其中运用了哪些人体工程学的理念。

第2章 人体尺寸测量

识读难度：★★☆☆☆
重点概念：尺寸测量、测量方式、空间尺寸

> **◀ 章节导读**
>
> 尺寸是设计行业人员进行设计的数据来源。尺寸数据对于设计师与消费者来说，都十分重要，而进行设计与测量，需要掌握一些方法。人体基础数据包括人体构造尺寸和人体动作域尺寸，本章阐述了二者的定义及区别，介绍人体尺寸测量方法和应用，并展望未来人体尺寸测量的发展方向。通过本章的学习，读者将掌握人体尺寸测量的基本知识与技能，为后续将其应用于实际的人体工程学设计奠定基础。

2.1 人体基础数据

人体基础数据是人机工程学研究和应用的核心基础，主要包括人体构造尺寸（静态尺寸）和人体动作域尺寸（动态尺寸）。这些数据通过科学测量和统计分析获得，能够准确反映人体形态特征和人做各种动作所需空间。了解人体基础数据不仅有助于优化产品设计和改善工作环境，还能提升人机交互的舒适性、安全性和效率。深入研究人体基础数据，对于推动人体工程学的发展具有重要意义。未来，随着测量技术的进步和应用领域的扩展，人体基础数据将在更多领域发挥重要作用，为人体工程学的发展提供持续动力。

1. 人体构造尺寸

人体构造尺寸是指人体在静止、标准姿势下测量的身体各部分的尺寸数据，这些数据反映了人体的静态形体特征。人体构造尺寸的测量项目涵盖了人体各主要部位的静态尺寸数据，主要包括身高、坐高、手臂长度、腿长等。在人体构造尺寸的测量过程中，为确保数据的准确性，需遵循标准化的测量条件。

具体而言，被测者通常需保持直立或坐姿等标准姿势。测量时，被测者的身体应处于放松状态，避免因肌肉紧张或刻意调整姿势而导致测量误差。此外，测量过程中被测者不得进行任何活动，以确保测量结果的稳定性和可靠性。

人体构造尺寸数据在多个领域具有广泛的应用价值。例如，根据身高和坐高数据确定桌椅的高度，根据腿长数据设计床的长度，根据肩宽和臀宽数据确定门的宽度等。人体构造尺寸的测量及其数据应用是人体工程学领域的重要基础，为各类产品和工作环境的设计提供了科学依据，使其能更好地满足人体生理特征和使用需求。

2. 人体动作域尺寸

人体动作域是指人在室内各种工作与生活活动范围的大小，包括动作范围、动作过程、形体变化等，它涵盖了人体站立、行走、坐下、弯曲、伸展等动作时所需的空间范围和活动幅度。在任何一种身体活动中，身体各部位的动作并不是独立完成的，而是协调一致的，具有连贯性，根据人体动作域尺寸可以知道人在某一空间内正常活动的最小物理尺寸。人体动作域尺寸与活动情景状态有关。在进行设计时，人体尺度具体数据的选用，应考虑在不同空间与围护状态下人的安全性和舒适性。比如人体在坐姿时需要一定的空间来保持舒适的姿势和活动范围，设计师需要考虑到人体的臀部宽度、腿部长度以及坐姿时的腰部和背部支撑需求，确定产品的坐姿空间尺寸和形态；人体在操作和使用产品时也需要一定的空间来保持舒适的姿势和活动范围，设计师需要考虑到人体的手部和手臂的活动范围，以及操作时的姿势和手势，确定操作空间的尺寸和布局。

人体构造尺寸关注的是人体在静止状态下的形态特征，主要用于设计固定尺寸的产品和空间。而人体动作域尺寸关注的是人体在运动状态下的活动范围，主要用于设计需要动态操作的产品和工作空间。两者相辅相成，结合使用可以更全面地满足人体工程学的设计需求，确保产品和工作环境既符合人体静态特征，又能适应动态操作需求。

2.2 人体尺寸测量

每个人的身体特征和生活习惯在设计中是至关重要的因素。设计师在进行设计时，需要综合考虑个体差异，包括身高、体重、习惯等各方面的数据，以创造出更贴近用户生活需求的设计。例如，在家具设计中，需要考虑到不同人群的身高体重特征，设计出符合人体工程学原则的家具，提高舒适度和可用性，并根据空间面积进行针对性的设计，便于达到最终效果。

2.2.1 人体尺寸测量方法

人体尺寸测量学是一门通过测量人体各部位的尺寸，来确定个人之间、群体之间在人体尺寸上的差别的科学。主要用测量与观察的方法来描述人体的特征状况，测量身体尺寸、关节活动范围、人体功能等，为设计提供重要资料。

人体测量可以通过直接测量、影像扫描、三维扫描等多种方法进行。在测量时，需要注意测量的准确性和标准化，确保获取的数据具有参考价值。

在开始测量之前，首先需要明确测量目的，根据测量目的和具体需求，选择合适的测量工具，常用的测量工具包括角度测量仪、体态分析系统、三维运动捕捉系统等。做好准备工作后，根据测量仪器的指示或操作步骤，对受测者进行测量，将测量结果记录下来，分析总结以供后续参考和应用。

下面介绍常用人体基本尺寸测量的方法，方便设计人员明了部分尺寸测量。

1. 站姿测量

被测者挺胸直立，头部以眼耳平面定位，眼睛平视前方，肩部放松，上肢自然下垂，手伸直，手掌朝向体侧，手指贴大腿侧面，膝部自然伸直，左、右足后跟并拢，前端分开，使两足大致呈45°夹角，体重均匀分布于两足。为确保直立姿势正确，被测者应使足后跟、臀部、后背与同一垂面相接触。

对被测量者的身高进行测量，取平均值。特别是在设计具有身高高度限制的家具时，设计师通常会进行站姿测量以获取被测量者的身高数据。测量过程中，被测量者需要站立在测量仪器上，保持挺胸抬头的正常站姿，测量仪器记录下身高数据（图2-1）。

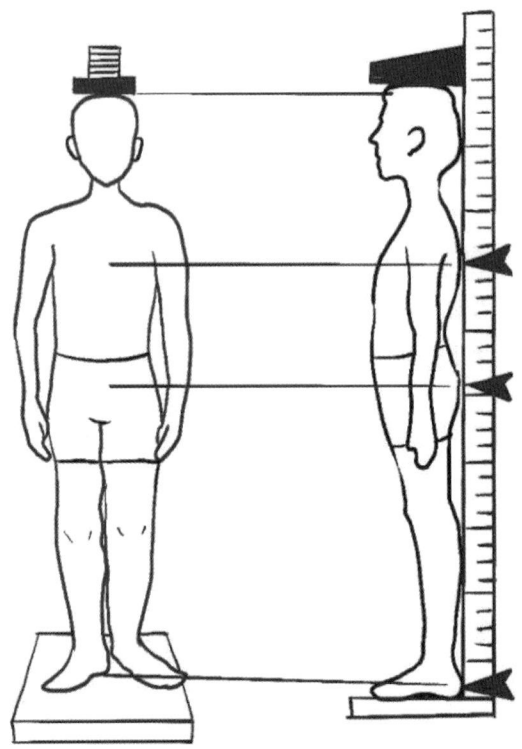

图2-1 站姿测量

2. 坐姿测量

被测者挺胸坐在被调节到腓骨端部高度的平面上,头部以眼耳平面定位,眼睛平视前方,左、右大腿大致平行,膝弯曲大致成直角,足平放在地面上,手轻放在大腿上。为确保坐姿正确,被测者的臀部、后背部应同时靠在同一平面上。

坐姿是一种常见的姿势,能够让身心得到放松,坐姿的舒适性很重要,在进行坐姿测量时,需要注意到每个人的坐姿臀膝距、坐深、坐姿膝盖高度、坐姿颈高、前臂加手功能伸长等尺寸。

- 补充要点 -

人体测量的仪器

人体尺寸参数的测量所采用的测量仪器有:人体测高仪、人体测量用直脚规、人体测量用弯脚规、人体测量用三脚平行规、坐高椅、量足仪、角度计、软卷尺以及医用磅秤等。目前,我国对人体尺寸测量专用仪器已制定了标准,而通用的人体测量仪器一般为多功能电子人体测高仪。

> **— 补充要点 —**
>
> **测量身高的正确方法**
>
> 测量时头部不带任何发饰，两脚足跟靠拢，两脚呈45°夹角，脚后跟靠拢身高尺或墙面，臀部、肩部及后脑靠拢墙面或身高尺并立正站直，鼻尖与耳垂成一条直线，并与墙面或者身高尺呈90°夹角。

3. 宽度测量

测量两臂宽度时，双臂和双手张开与身体保持垂直状态，从手臂一端中指测量到另一端手臂的中指，即为两臂的宽度；测量两肘宽度时，将手臂弯曲放置在胸前，与身体呈90°并保持平衡，从肘部的一端测量到肘部的另一端即可。

4. 长度测量

长度测量是测量必不可少的环节，测量手臂长度数据时，被测者应保持正确的站姿（抬头挺胸），手臂呈自然下垂的姿势，不要刻意伸直或弯曲，这样测量的数据才能最接近正确值，避免出现重复测量或数据有误等情况。

2.2.2 人体测量学中的百分位概念

人体测量学中的百分位表示具有某一人体尺寸与小于该尺寸的人占统计对象总人数的百分比。

大部分的人体测量数据是按百分位表达的，把研究对象分成一百份，根据一些指定的人体尺寸项目（如身高），从小到大顺序排列，进行分段，每一段的截止点即为一个百分位。以身高为例：第5百分位的尺寸表示有5%的人身高等于或者小于这个尺寸。换句话说，就是有95%的人身高高于这个尺寸。

百分位选择应能满足大多数人的需要，例如顶棚高度，设计应尽可能地适用于每一个人，应该选用高百分点数据。

影响人体测量数据的因素主要有以下几个方面：

1. 族群

生活在不同国家、不同地区、不同环境的人，人体尺寸存在差异，即使是一个国家，不同地区的人，人体尺寸也有差异（表2-1）。

表2-1　　我国不同地区人体尺寸对比表

地区	项目	男（18~60岁）			女（18~55岁）		
		身高/mm	体重/kg	胸围/mm	身高/mm	体重/kg	胸围/mm
东北、华北	均值	1693	64	888	1586	55	848
	标准差	56.6	8.2	55.5	51.8	7.7	66.4
西北	均值	1684	60	880	1575	52	837
	标准差	53.7	7.6	51.5	51.9	7.1	55.9
华中	均值	1669	57	853	1575	50	831
	标准差	55.2	7.7	52.0	50.8	7.2	59.8
华南	均值	1650	56	851	1549	49	819
	标准差	57.1	6.9	48.9	49.7	6.5	57.6
西南	均值	1647	55	855	1546	50	809
	标准差	56.7	6.8	48.3	53.9	6.9	58.8
东南	均值	1686	59	865	1575	52	837
	标准差	53.7	7.6	51.5	51.9	7.1	55.9

2. 性别

大多数的人体尺寸，男性比女性要大一些（但有四个尺寸正相反，即胸厚、臀宽、臀部及大腿周长）。同整个身体相比，女性的手臂与腿较短，躯干与头占比例较大，肩部较窄，盆骨较宽，如用坐姿操作的场所，考虑女性的尺寸至关重要。

3. 年龄

人到一定年龄后，身高随着年龄的增长而收缩，体重、肩宽、腹围、臀围、胸围却随着年龄的增长而增加。一般男性在20岁左右停止生长，女性在18岁左右停止生长。工作空间设计应尽量适合20~65岁的人群，根据不同年龄组进行室内外设计，保证每个人都能在较为舒适的状态下享受设计带来的生活愉悦感。

4. 职业

不同职业的人群，身体大小及比例也不同，一般体力劳动者平均身体尺寸都比脑力劳动者要大一些。

2.2.3　常用人体基本尺寸

1. 身高

身高指人身体垂直站立、眼睛向前平视时从足底到头顶的垂直距离。主要用于确定通道的高度与门、床等家具的长度，行道树分枝点的最小高度等。身高测量时不能穿鞋袜，选用高百分点数据。

2. 立姿眼睛高度

立姿眼睛高度是指人身体垂直站立、眼睛向前平视时从足底到内眼角的垂直距离。

由于是光脚测量的，所以设计时要加上鞋子的厚度，男子大约25mm，女子大约75mm。百分位的选择取决于空间场所的性质。空间场所相对私密性的要求较高，那么设计的隔断高度就与较高人的眼睛高度密切相关，取第90百分位数或更高；反之，隔断高度应考虑较矮人的眼睛高度，取第10百分位数或更低（表2-2）。

表2-2　　　　　立姿人体尺寸百分位数表　　　　　单位：mm

测量项目	男（18~60岁）					女（18~55岁）				
	1	10	50	90	99	1	10	50	90	99
眼高	1435	1495	1570	1645	1705	1335	1390	1455	1520	1580
肩高	1245	1300	1365	1435	1495	1165	1210	1270	1335	1385
肘高	925	970	1025	1080	1130	875	915	960	1010	1050
手功能高	655	695	740	785	830	630	660	705	745	780
胫骨点高	395	415	445	470	495	365	385	410	435	460

3. 两肘宽度

两肘之间的宽度是指两肘在弯曲时，自然靠近身体，前臂平伸时两肘外侧面之间的水平距离。这些数据可用于确定会议桌、餐桌、柜台等周围的空间尺寸。

4. 肘部平放高度

肘部平放高度的考虑是为了使手臂得到舒适的休息，这个高度距离座椅表面140~280mm最为合适。

5. 肘部高度

肘部高度是指从足底到人的前臂与上臂结合处可弯曲部分的垂直距离。通常，台面最舒适的高度是低于人的肘部高度76mm，柜台的高度大约应该低于肘部高度25~38mm。

6. 坐高

坐高是指人挺直坐着或者放松时，座椅座面到头顶的垂直距离，用于确定座椅上方障碍物的允许高度。在布置双层床，或者进行创新的节约空间设计时要参考这个尺寸来确定高度。座椅的倾斜、座椅软垫的弹性、帽子的厚度以及人坐与站时的活动都是要考虑的重要因素（表2-3）。

表2-3　　　　　常用坐姿人体尺寸百分位数表　　　　　单位：mm

测量项目	男（18~60岁）				女（18~55岁）			
	1	10	50	90	1	10	50	90
坐高	835	870	910	945	790	820	855	890
坐姿颈椎点高	595	625	655	690	565	585	615	650
坐姿眼高	730	760	795	835	680	705	740	775
坐姿肩高	540	565	595	630	505	525	555	585
坐姿肘高	215	235	265	290	200	225	250	275
坐姿大腿厚	105	115	130	145	105	115	130	145
坐姿膝高	440	465	495	525	410	430	460	485
坐深	405	430	455	485	390	410	435	460
臀膝距	495	525	555	585	480	500	530	560
坐姿下肢长	890	935	990	1045	825	865	910	960

7. 坐姿眼高

在人体基本尺寸中，除了站立时的身高之外，坐姿眼高也是设计中常用的参考尺寸之一。坐姿眼高是指坐姿时内眼角到坐面的垂直距离。这一尺寸的测量与座位的设计密切相关，特别是在办公家具、医疗设备、电子显示设备的设计中具有重要意义。

8. 肩宽

肩宽是指肩两侧三角肌外侧的最大水平距离。肩宽数据可用于确定环绕桌子的座椅间距，或影院、礼堂中的座位之间的间距，也可用于确定室内外空间的道路宽度。

9. 臀宽

臀部宽度是指臀部最宽部分水平尺寸。一般坐着测量这个尺寸，坐着测量比站着测量的尺寸要大一些。扶手椅子内侧、吧台、前台与办公座椅的设计需考虑这个尺寸。

10. 坐姿大腿厚

坐姿大腿厚是指从座椅面到大腿与腹部交接处的大腿端部的垂直距离。柜台、书桌、会议室、家具及其他一些设备的关键尺寸与大腿厚度息息相关，这些设备需要把腿放在工作面下面。特别是有直立式抽屉的工作面，要保证大腿与腿上方的障碍物之间有适当的活动空间。

11. 坐姿膝高

坐姿膝高是指坐姿时从足底到膝盖骨上表面的垂直距离。这个数据是为了确定从地面到书桌、餐桌、柜台台面下沿与地面距离的关键尺寸，尤其是使用者需要把大腿部分放在家具下时。坐着的人与地面之间的靠近程度，决定了膝盖高度与大腿厚度是否是关键尺寸。同时，座椅高度、坐垫的弹性、鞋跟的高度等都需要考虑。

人体基本尺寸是设计师在设计中需要着重把握的要点，人体基本尺寸是人体尺寸研究的最基本的数据之一（图2-2）。

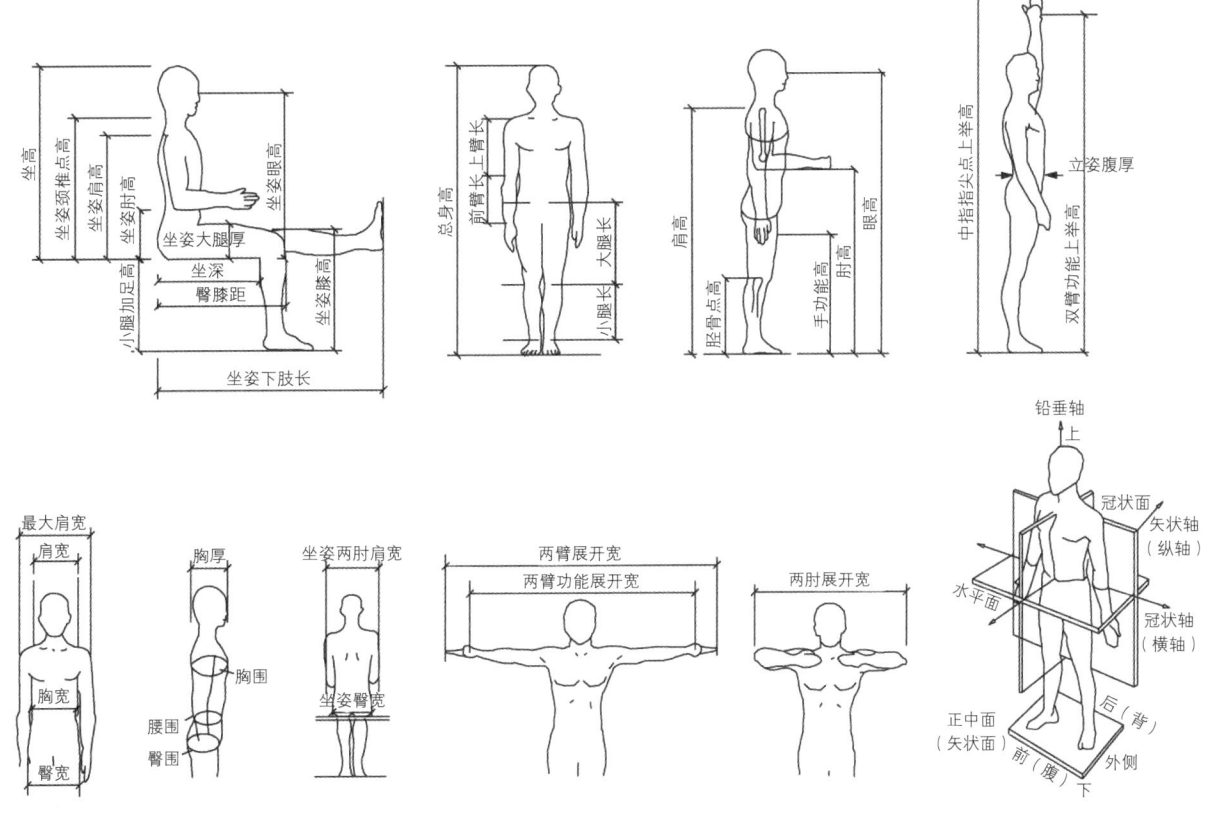

图2-2 人体基本尺寸

2.2.4 群体的人体尺寸数据

群体的人体尺寸数据近似服从正态分布规律，具有中等尺寸的人数最多，随着对中等尺寸偏离值加大，人数越来越少。

身高、体重、手长等是基本的人体尺寸数据，它们之间一般具有线性比例关系。这样通过身高就可以大约计算出人体各部位的尺寸。通常可以取基本人体尺寸之一作为自变量，把某一人体尺寸表示为该自变量的线性函数式：

$$Y=aX+b$$

式中Y指人体尺寸数据，X指身高、体重、手长等基本人体尺寸（之一），a、b为（特定的人体尺寸）常数。

这个公式对不同种族、不同国家的人群都是适用的，关系式中的系数a与b随不同种族、国家的人群而有所不同。

人体功能是当人在做某一个动作时所产生的效应。人在室内外空间中有各种姿态，如站姿、坐姿、伸展、跪姿、卧姿等，这些动作都跟空间有着密切的联系（图2-3）。例如设计师在进行家具设计时，家具是能起到支承、储藏和分隔作用的器具，是构成室内环境的基本要素。家具设计的基准点就在人体上，即要根据人体各部分的需要以及活动范围来设计家具。

人体尺寸的增长过程为：通常男性15岁、女性13岁时双手的尺寸就达到一定值；男性17岁、女性15岁时脚的大小基本定型；女性18岁结束生长，男性20岁结束生长。此后，人体身高随年龄增加而缩减，而体重、宽度及围长的尺寸却随着年龄的增长而增加。一般来说，青年人比老年人身高高一些，老年人比青年人体重重一些；男人比女人高一些，女人比男人矮一些。在进行具体设计时必须考虑年龄的因素，考虑设计是否适用于不同年龄的人群。工作空间的设计应尽量适用于20~65岁的人。美国研究发现，45~65岁的人与20岁的人相比，身高减少40mm，体重增加6~10kg（表2-5、表2-6）。

表2-4是以18~60岁的男性与18~55岁女性为测试对象，从身高、体重、上臂长、前臂长、大腿长、小腿长等几个方面进行测量，所得出的具有参考性的数据。

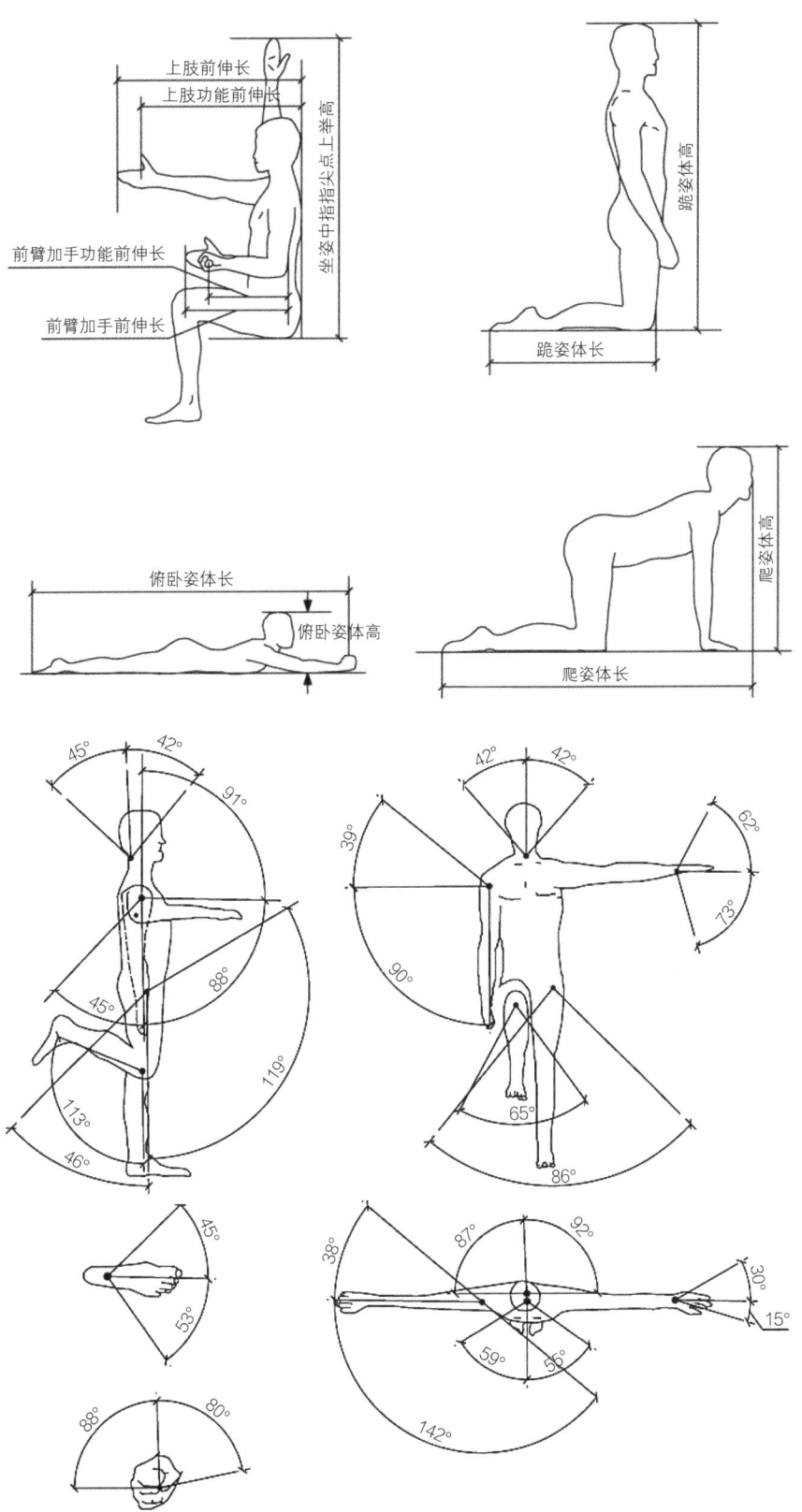

图2-3 人体功能尺寸图

表2-4　　　　　　　　　　基本人体尺寸百分位数表　　　　　　　　单位：mm

测量项目	男（18~60岁）					女（18~55岁）				
	1	10	50	90	99	1	10	50	90	99
身高	1545	1605	1680	1775	1815	1450	1505	1570	1640	1695
体重	45	50	60	70	85	40	45	50	65	70
上臂长	280	295	315	335	350	250	265	285	305	320
前臂长	205	220	235	255	270	185	200	215	230	240
大腿长	415	435	465	495	525	385	410	440	465	495
小腿长	325	345	370	395	420	300	320	345	370	390

　　表2-5与表2-4的测试对象相同，测量项目为：胸宽、胸厚、肩宽、最大肩宽、臀宽、坐姿臀宽、胸围、腰围、臀围。

表2-5　　　　　　　　　　人体水平尺寸百分位数表　　　　　　　　单位：mm

测量项目	男（18~60岁）					女（18~55岁）				
	1	10	50	90	99	1	10	50	90	99
胸宽	240	260	280	305	330	220	240	260	290	320
胸厚	175	190	210	235	260	160	175	195	230	260
肩宽	330	350	375	395	415	305	330	350	370	385
最大肩宽	385	405	430	460	485	345	370	395	430	460
臀宽	275	290	305	325	345	275	295	315	340	360
坐姿臀宽	285	300	320	345	370	295	320	345	375	400
胸围	760	805	865	945	1020	715	760	825	920	1005
腰围	620	665	735	860	960	620	680	770	905	1025
臀围	780	820	875	950	1010	795	840	900	975	1045

― 补充要点 ―

测量人体尺寸的方法

1. 身高。被测者身体直立，在背面从头顶部位水平线量至齐足跟的地面。

2. 臀围。双腿靠拢站直，将皮尺经臀部最凸出位置水平测量一圈即可。

3. 肩宽。身体站直，手臂自然下垂，用皮尺贴身测量双肩肩峰的距离。

4. 腿长。从侧面髂前上棘量到脚底。

2.3 人体尺寸应用

人体尺寸在很多行业都有重要的应用，人体尺寸的应用是确保产品符合人的需求的关键。

在交通工具设计中，座椅的设计需要考虑到人体的坐姿和活动需求。座椅的高度、靠背角度、腰部支撑以及头枕的位置都需要根据人体尺寸进行调整，以提供舒适的乘坐体验。研究表明，座椅的腰部支撑可以有效减少长时间乘坐带来的疲劳感（图2-4）。此外，交通工具内部的空间布局也需要考虑到人体的活动范围，例如汽车方向盘的位置、脚踏板的距离以及仪表板的视角，都需要符合人体工程学原则，以确保驾驶员的操作舒适性和安全性。

在医疗设备设计中，人体尺寸的应用显得尤为重要。例如，轮椅的设计需要考虑到不同身高和体型的用户的需求，座椅高度、靠背角度、脚踏位置和扶手位置需要能够满足不同用户的需求，以提供舒适和安全的移动体验。研究表明，根据人体工程学设计的轮椅可以有效减少用户在使用过程中的不适感和身体损伤（图2-5）。此外，手术台的设计也需要考虑到人体的姿势和活动需求。手术台的高度、倾斜角度以及支撑结构都需要根据人体的尺寸和姿势进行调整，以确保医生在手术过程中能够保持舒适的姿势，减少疲劳感。

图2-4　飞机座椅

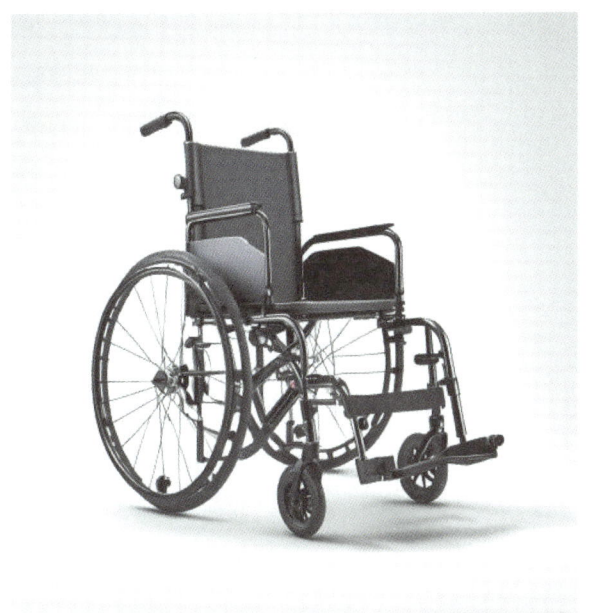

图2-5　轮椅设计

在办公家具设计中，人体尺寸的应用可以提高员工的工作效率和舒适度。例如，办公椅的设计需要考虑到人体的坐姿和活动需求。座椅的高度、靠背角度、腰部支撑以及扶手的位置都需要根据人体尺寸进行调整，以提供舒适的支撑和减少疲劳感。研究表明，根据人体工程学设计的办公椅可以有效减少员工在长时间工作中带来的不适感和身体损伤。办公桌的设计也需要考虑到人体的活动范围。桌面的高度、键盘托架的位置以及显示器的视角都需要符合人体工程学原则，以确保员工在操作过程中能够保持舒适的姿势，减少疲劳感。

在家居设计中，人体尺寸的应用可以提高用户的舒适度和生活质量。例如，沙发和床的设计需要考虑到人体的坐姿和躺卧需求。沙发的靠背角度、坐垫的硬度以及扶手的位置都需要根据人体尺寸进行调整，以提供舒适的支撑和减少疲劳感。床的设计需要考虑到人体的躺卧姿势和支撑需求，床垫的硬度、床架的高度以及床头的位置都需要符合人体工程学，以确保用户在睡眠过程中能够保持舒适的姿势，减少身体损伤。

在作业工具和设备设计中，人体尺寸的应用可以提高用户的操作效率和舒适度。例如，手持工具的设计需要考虑到人手的握力和操作方式，手柄的形状、大小以及材料都需要根据人体尺寸和力学特征进行调整，以减少手部疲劳和损伤。研究表明，考虑人体工程学设计的手持工具可以有效减少用户在使用过程中的不适感和身体损伤。

人体尺寸在工业设计中的应用广泛而深入，涵盖了交通工具、医疗设备、办公家具、家居设计以及各种作业工具和设备等多个领域。未来，随着科技的不断进步，人体尺寸在工业设计中的应用将更加广泛和深入，为人类创造更加舒适和健康的生活环境。

人体工程学的核心目标在于实现人-机-环境系统的最优化适配，而人体尺寸作为基础性人体测量学参数，其动态演变对产品设计、工作空间规划及公共设施建设具有直接影响。随着全球化进程加速及社会经济发展，人体尺寸呈现出显著的跨区域、跨代际变化特征，如区域差异性与同质化并存、年龄结构演变引发尺寸谱系扩展、性别差异的渐进式收敛等。

上述趋势要求人体测量学研究实现三个转向：从静态数据转向动态预测模型，从标准人假设转向群体异质性分析，从解剖学测量转向功能尺寸综合评估。该发展趋势分析揭示了人体测量学参数的系统性演变规律，为制定适应性设计标准提供了理论依据。后续研究需重点关注基因-环境交互作用机制，以及人工智能技术在人体尺寸预测中的应用潜力。

本章小结

了解人体尺寸、测量方法及活动空间尺寸是设计的基础。功能空间尺寸主要取决于人的活动范围，如人在站、立、坐、卧、跪时所需要的空间。了解各种尺寸，是设计师以后做设计的第一步，是设计生涯的重要铺垫。

课后练习

1. 用简短的语言介绍测量人体尺寸的方法。
2. 常用的人体基本尺寸有哪些？
3. 测量自己身体各部位尺寸，并绘制简图，记录下来。
4. 观察周围人的体形，做询问与记录，总结常见尺寸的范围。作业数量：将记录的内容制作成PPT，上课进行展示分享。建议完成课时：5课时。
5. 理清人体工程学中人、机、环境、系统、效能、健康这几个概念，调研人体工程学对现代化建设起到什么作用？

第3章 消费电子产品设计

识读难度：★★★☆☆
重点概念：操作姿势分析、电子产品设计原则

> ◀ 章节导读
>
> 消费电子产品已广泛应用于人类生活的各个方面，随着科技飞速发展，消费者对这些产品的要求不再局限于基本功能，而是愈发注重使用过程中的体验，这使得人体工程学在消费电子产品设计中的地位日益凸显。

3.1 人体工程学在手机设计中的应用

3.1.1 手机产品现状分析

智能手机作为现代生活的必备品，集通信、上网、拍照、娱乐等多种功能于一体，其凭借便携性与强大功能，成为人们随时随地获取信息、社交娱乐的核心工具。

如今智能手机市场十分火爆，头部厂商如苹果、三星及中国的华为、小米、OPPO、vivo等竞争激烈（图3-1）。在市场竞争日益激烈的情况下，手机厂商将更加注重品牌建设和差异化竞争，通过推出具有独特设计、特色功能和个性化服务的产品，满足不同消费者的需求，提升品牌的竞争力和市场份额。

3.1.2 人手部的一般特点

智能手机一般使用手来持握和操作，需考虑人手部的特点：

①食指是最灵活、快速，触觉最灵敏的手指，其次是中指。

②拇指是力量最大的手指，但耐疲劳操作范围有限，触觉方面比较迟钝。

③位于拇指外观中部的"拇指第一关节"能向前弯曲最大90°，少数人能向后弯曲。

④位于拇指外观根部的"拇指第二关节"能向前弯曲最大90°，少数人能向后弯曲。

⑤位于拇指和食指连接处的"腕掌关节"能够进行较大程度的屈伸、收展，所以能完成对掌运动（对掌运动是拇指骨外展、屈和旋内运动的总和。其效果是拇指尖能与其他各指掌面接触，而这是除拇指外其他手指腕掌关节都无法完成的），如图3-2所示。

图3-1　不同品牌的手机

图3-2　手部关节

3.1.3 手部操作姿势分析

在日常生活中，人们有三种常见的智能手机持握方式。

（1）单手使用

如图3-3所示，图中展示了两种常用的单手使用手机的姿势，习惯左手操作者则与图示相反。手机屏幕上的图形展示了单手持握时拇指大致的可触范围，颜色则分别代表不同定义的区域。绿色区域用户可以很轻松操作，黄色区域需要用户进行一些手势的屈伸才能操作，而红色区域代表用户需要变换手持方式才能够触及。当然，这些区域只是近似值，会随着个体的差异而变化，而且也和用户持握手机的具体方式以及手机的尺寸有关。

需要注意的是在上述图片中拇指的关节位置高一些。有些用户会通过他们需要触碰的区域来采取相应的手势。例如，用户通过改变持握手机的位置，可以将触摸区域上移，从而更容易触摸到屏幕的顶端。

单手使用的情况似乎与用户正在持续地做另一件事情高度相关。单手使用的用户中有很大一部分在同时处理一些其他任务，例如提着包、抓着扶手、爬楼梯、开门或是抱着婴儿等。

（2）双手环握

双手环握指用户同时使用两只手持握手机，但仅用其中一只手拇指或其他手指进行操作。如图3-4所示，双手环握用户通常使用这两种不同的方式来操作手机。双手环握方式比单手使用提供了更多的支持，用户有更大的自由度进行操作。拇指操作，其实就是在单手操作的基础上增加另一只手来辅助握住手机。占比例相对小的用户使用第二种环握方式，即用一只手握住手机而用另一只手的食指进行操作，这与触控笔的使用十分相似。

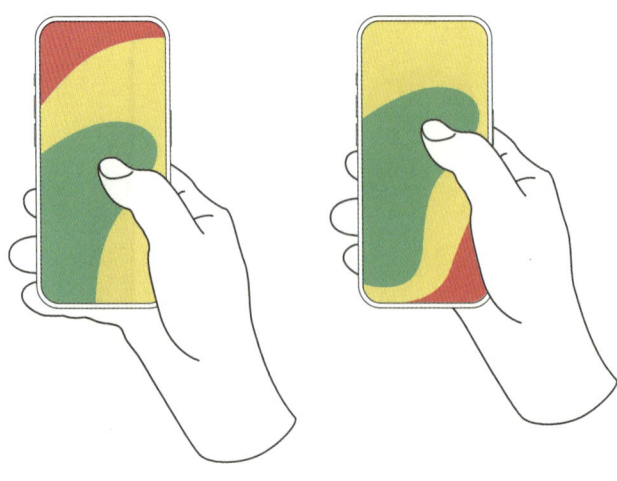

图3-3 单手使用的两种姿势

人们经常在单手使用和双手环握使用之间切换姿势，例如，当他们在路边行走或是在拥挤的人群中使用手机，会切换持握方式。有时为了扩展触摸区域，如操作一些单手难以触到的内容，也会切换为双手环握的方式。

（3）双手支撑

如图3-5所示，用户用手指支撑手机，然后用两个大拇指来提供输入。在双手使用中，有垂直向握着手机、使用竖屏模式和水平向握着手机、使用横屏模式两种情况。人们也常常在双手支撑和双手环握方式之间切换，用户用两个拇指来输入，然后干脆不再双手使用，而是使用环握方式中的一个拇指进行交互。然而，并非所有拇指用法都仅限于输入，有些用户似乎比较习惯用拇指进行点击。例如，用户也许用右手的拇指滑动屏幕，然后用左手的拇指来点击某个链接。另外，垂直方向，或者说竖屏模式的使用占了大量的比例。

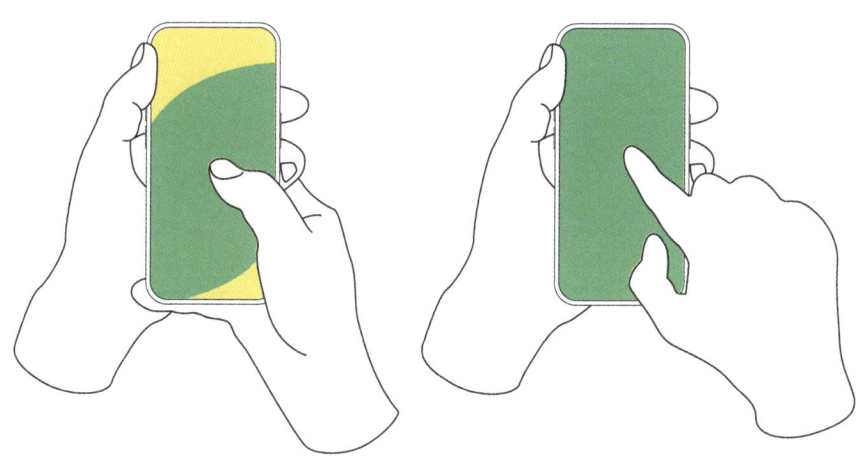

图3-4 双手环握的两种姿势

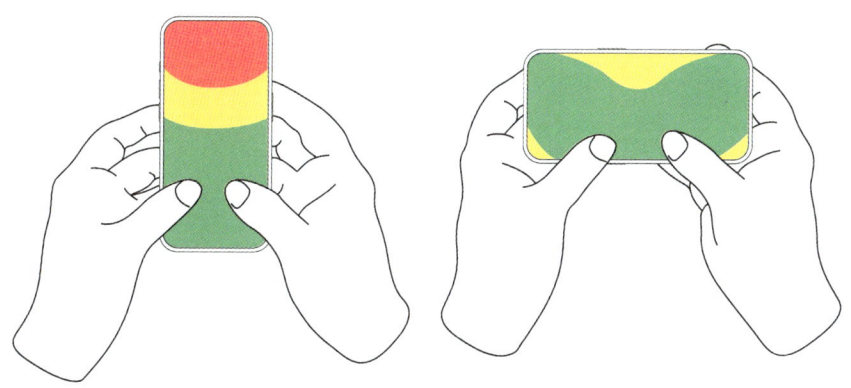

图3-5 双手支撑的两种姿势

3.1.4　基于人体工程学的手机设计思路

基于上文分析，考虑人体工程学的手机设计需着重考虑以下几点：

（1）设计安全区域，避开操作盲区。如图3-6所示，夸克APP搜索结果页，根据视线移动规律，左上角操作盲区可以用于显示搜索内容。

（2）注意使用场景路径触发的连贯性。如图3-7所示，在夸克APP中搜

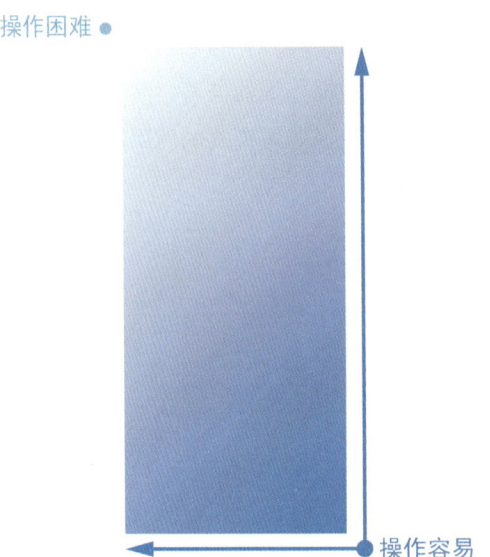

图3-6　屏幕区域

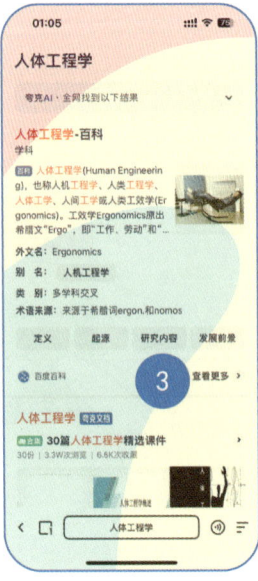

图3-7　页面重点内容与屏幕区域关系

索"人体工程学",操作区域集中在人手可轻松触及的区域。

(3)更多的虚拟使用手势提示图标并提供文字提示。如图3-8所示,为夸克APP的上划返回主页操作。

(4)更多地使用语音作为输入方式。如图3-9所示,为夸克APP语音模式界面设计,可语音输入搜索内容。

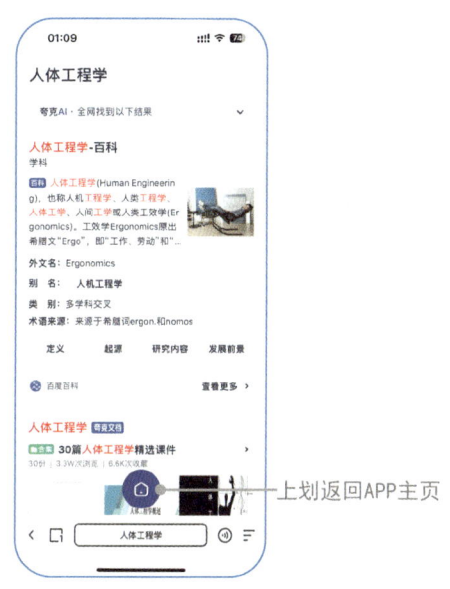
图3-8 滑动手势界面设计

图3-9 语音模式界面设计

3.2 人体工程学在平板电脑设计中的应用

平板电脑介于手机与笔记本电脑之间,兼具便携与大屏优势,适用于阅读、游戏、轻办公等场景,为用户在移动状态下提供了更为丰富的体验。

3.2.1 外观形态与握持手感分析

苹果公司的iPad自2010年推出以来,凭借其轻薄的外观设计迅速赢得了市场青睐。以iPad mini(第六代)为例,其机身厚度仅为6.3mm,重量约293g,相较于初代iPad有了质的飞跃。这种轻薄设计使用户在手持使用时,手腕负担大幅减轻,长时间握持也不易产生疲劳感。

iPad整体机身轻薄，无论是单手握持进行简单的网页浏览、电子书翻阅，还是双手持握玩游戏、看视频，都能给用户带来舒适的体验。如图3-10所示，为单手持握和双手持握。机身重量分布均匀，不会出现头重脚轻的失衡感，长时间握持手臂也不易酸涩，这对于需要随时随地使用它开展移动办公，或是在通勤途中娱乐消遣的用户来说至关重要。

3.2.2　交互界面与操作便捷性

iPad运行的iOS系统在交互操作上充分考虑了人体工程学因素。其主屏幕布局简洁明了，图标大小适中，方便用户用手指精准点击。多任务处理方面，通过从屏幕底部上滑并停顿的手势，即可轻松调出多任务界面，用户可以快速切换应用或进行分屏操作，符合人体手部自然动作习惯，减少了操作的复杂性。

在交互方面，触屏操作高度契合人手的动作习惯。如图3-11所示，轻

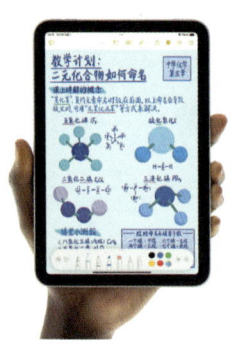

（a）单手持握　　　　　　　　（b）双手持握

图3-10　持握姿势

（a）点击　　　（b）拖拽　　　（c）长按　　　（d）放大

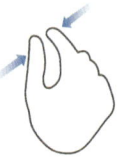   

（e）缩小　　　（f）三指右滑　　（g）三指左滑　　（h）双击

图3-11　触摸手势

点、滑动、双指缩放、长按等触摸手势，模拟真实世界里人们对物体的操控逻辑，上手轻松，无需复杂学习过程。

iPad的灵活性还体现在搭配不同的使用姿势上。搭配官方或第三方的保护套、支架后，它能以合适的倾斜角度放置在桌面上，满足用户坐着办公、半躺追剧等各种姿势需求，如图3-12所示。竖屏时，适合阅读文章、刷社交媒体信息流，文字排版符合人眼从上到下的扫视习惯；横屏时，观看电影、进行分屏多任务操作更加自然，两个应用左右分屏，双手操作互不干扰，手腕无需过度伸展、扭转。

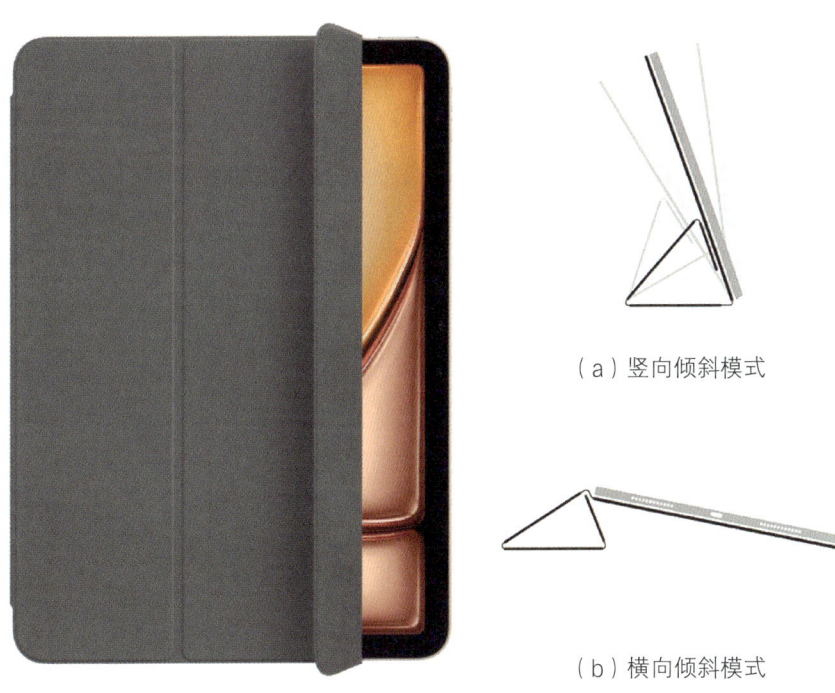

（a）竖向倾斜模式

（b）横向倾斜模式

图3-12　倾斜模式

3.3　人体工程学在鼠标设计中的应用

现代社会用电脑的人越来越多，而"鼠标手"的患者也越来越多。"鼠标手"即腕管综合征，其主要症状是手指局部神经功能损伤或丧失，引起麻木、刺痛、腕关节肿胀、手动作不灵活、无力、无抓握感觉、肌肉萎缩失去灵活性等。而鼠标是主要的"腕管杀手"，如果长期置之不理，可能会导致腕管严重损伤。

鼠标的人体工程学目的是最大限度地满足人们在使用鼠标时手感、舒适度及使用习惯方面的要求，尽量减轻长时间使用时身心的疲劳程度，尽量避免产生肌肉劳损的症状，从而最大限度地保护用户的身心健康，提高用户的工作效率。

3.3.1 鼠标的操作分析

目前市场上常见的鼠标有以下两种：

（1）趴式鼠标

如图3-13所示的趴式鼠标在使用中的姿势特点包括：手掌掌心全部与鼠标背部贴合，大拇指、无名指与小指自然伸直，共同操作鼠标；食指、中指自然平放在鼠标按键上，点击按键时，指腹与按键接触；鼠标移动时，手腕随之移动。此姿势由于鼠标活动范围大，手常自然放在鼠标上，不易疲劳。

（2）垂直式鼠标

垂直式鼠标充分考虑到人手在自然状态下不是平放的，而是垂直并有一定的倾斜角度，因此让食指和中指的两个主按钮有一定的倾斜角度，而不像传统鼠标那样是平的，而且还给大拇指留出了专门的位置，从而使人可以以手握的形式使用，使操作更加稳定舒适。垂直式鼠标的好处在于，避免前臂的尺骨和桡骨交叉扭转，可以预防手腕综合征。虽然它没有眼花缭乱的多功能按键，但是垂直造型设计让它成了一款上佳的人体工程学鼠标，让人手处于自然状态，手臂彻底放松。

如图3-14所示，这款鼠标是人体工程学鼠标，其独特的57°垂直角度可实现自然的握持姿态，相比于传统非垂直鼠标可以减少10%的肌肉疲劳。这款鼠标可以实现更符合人体工程学的操作姿势，有效协助用户持久舒适地高效办公，旨在消除不适感，减少肌肉拉伸，降低手腕压力，并改善握持姿势。

图3-13　趴式鼠标

3.3.2 鼠标操作对手腕的影响

目前的鼠标在使用时通常是以手腕作为支撑点,手掌与鼠标支撑面难以贴合,骨骼处于交叉状态,造成前臂扭转现象。如图3-15所示,手腕的过度扭曲或伸展就会造成腕内腱鞘发炎、肿大,从而压迫正中神经,使正中神经受损,长时间使用鼠标会使腕部、前臂肌肉疲劳,甚至经常出现酸疼的感觉,移动范围也受到限制。

鼠标和身体的距离会因为鼠标放在桌上而拉大,身体这方面的受力长期由肩、肘负担,是导致颈肩腕综合征的原因之一。上臂和前身夹角保持45°以下的时候,身体和鼠标的距离比较合适,如距离太远,前臂将带着上臂和肩一同前倾,会造成关节、肌肉的持续紧张。而且鼠标的位置越高,对手腕的损伤越大;鼠标距离身体越远,对肩的损伤越大。因此,鼠标应该放在一个稍低位置,这个位置相当于坐姿情况下上臂与地面垂直时肘部的高度,如图3-16所示。

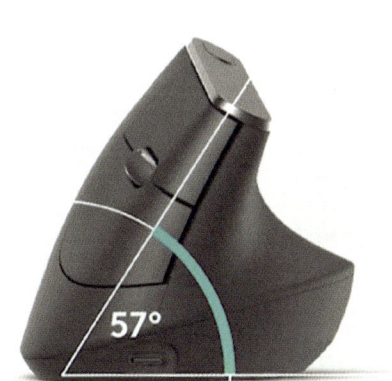

图3-14 垂直式鼠标

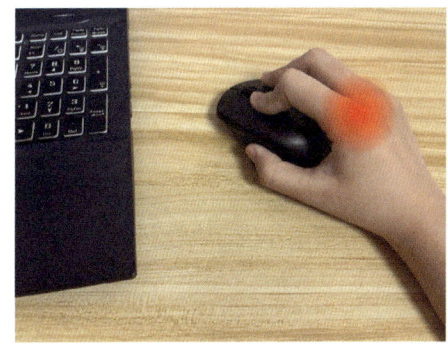
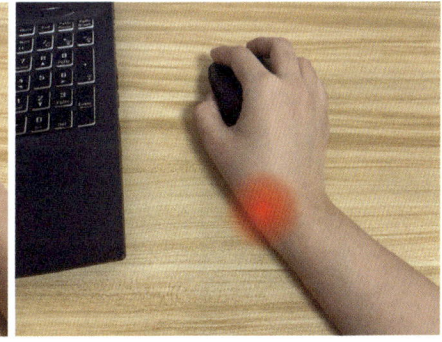

图3-15 鼠标操作中手腕的过度扭曲或伸展

3.3.3 基于人体工程学的鼠标使用原则

基于人体工程学的鼠标设计应着重考虑以下几点：

（1）手腕：试验证明，当人的手腕呈仰起状态时，仰起的夹角在15°~30°时是最舒服的状态。超过这个范围，则前臂肌肉处于拉紧状态，也会导致血液流动不畅。受其影响，上臂的肱三头肌及三角肌也都会同时受到力的牵拉作用，人的肩关节也会一直处于强直状态。

（2）手掌：最自然的状态就是半握拳状态，而鼠标的造型设计实际上就是要尽量贴合这个形态，如图3-17所示。

（3）手指：五指均不悬空，且呈150°左右自然伸展状态，如图3-18所示。

当然，鼠标的人体工程学设计除了要考虑手部使用姿势以满足使用者生理上的需求以外，还需要针对不同性别、不同年龄段的使用者的审美差异设计不同颜色、不同风格的鼠标，只有满足使用者生理和心理需求的产品才是人性化的产品。

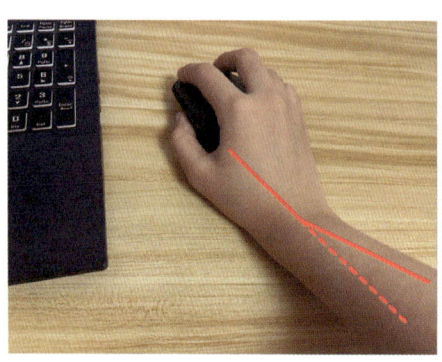
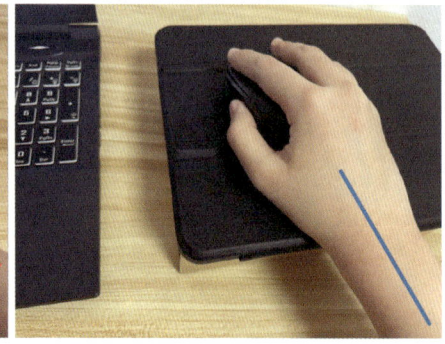

图3-16 鼠标操作面的高度

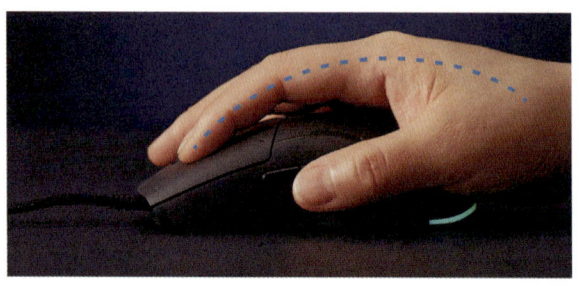

图3-17 半握拳的鼠标握持姿势

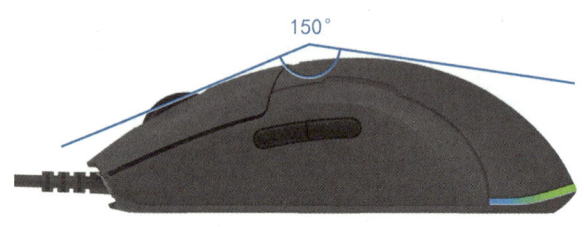

图3-18 鼠标脊背成150°夹角

3.4 特殊人群消费电子产品的人体工程学分析

任何设计都是以人为本的,而且任何设计都针对一定的目标用户,因此,在设计过程中先要对使用者进行分析,只有这样,才能使设计出的产品适合目标用户群使用。由于人与人之间在年龄、性别、国籍、地域、观念、文化程度、经济基础等方面均存在着明显的差异,不同的群体对产品就有不同的要求。一个好的设计师应该将使用者作为不同群体来对待、分析和研究,了解不同群体的共性与个性,以便有针对性地设计产品。同样是手机的设计,针对不同的消费群体,其人机因素的侧重点就大不一样。

3.4.1 老年电子产品的人体工程学分析

老年人身体机能下降,出现视力下降、行动迟缓、听力不佳、记忆力减退等变化。因此,老年人的电子产品设计应围绕这些方面进行。

老年人手机,首先需要有超大按键、超大字体、较大音量等,这样有助于老年人准确找到位置,以及更清楚地获取信息,如图3-19所示。其次要有一些特殊功能,如一键开启照明灯,一键打开收音机功能、生活助理,设置紧急呼叫快捷按钮等。老年人手机强调的是舒适的手感、暖心的外观以及人性化的功能,只保留打电话、发短信等基本功能,并且采用简化的菜单结构,减少用户操作的步骤,力争让用户不看说明书就能很快上手。

图3-19　金立L17老年人手机

3.4.2 儿童电子产品的人体工程学分析

儿童作为消费电子产品的新兴用户群体，其需求具有独特性。在生理方面，儿童的手部肌肉和骨骼仍处于发育阶段，力量较小，精细动作协调性差。心理上，儿童好奇心旺盛，对色彩、图案、声音等感知敏锐，喜欢趣味性强、互动性高的产品。

产品的设计需向儿童传递两种信息，一种是理性的信息，如产品的功能、材料、结构等；另一种是感性信息，如产品的造型、色彩、使用方式等。由于儿童的认知能力有限，感性多于理性，在设计儿童产品时，需从功能、约束、形式和人机因素方面着手，通过感性信息的优良传递指引儿童，帮助他们更好地使用产品，理解产品的理性信息。

图3-20是热卖的小天才电话手表Q2A，外观上，1.3英寸弧面彩屏契合儿童视觉范围，软胶表带贴合手腕曲线、透气防汗，还有多彩配色吸睛。操作方面，图形界面简洁、按键布局合理，贴合儿童认知与操作习惯，上手轻松。功能体验也很出色，清晰的通话功能减轻耳部负担，精准定位让家长安心、孩子自在，语音助手实现便捷交互，移动支付便于小额消费，为孩子使用带来极大便利。

3.4.3 残障人士电子产品的人体工程学分析

残障人士群体有视力障碍、听力障碍、肢体残疾等方面的不便，他们在使用消费电子产品时面临诸多挑战，对人体工程学设计有着特殊且迫切的需求。

图3-20　小天才电话手表Q2A

视力障碍人士主要依靠听觉和触觉来与电子产品交互。屏幕阅读器技术应运而生，它能够将屏幕上的文字、图标等信息转化为语音输出，帮助视障人士浏览网页、阅读电子书、操作手机应用等。例如，苹果的iOS系统内置了强大的屏幕朗读功能，与系统深度整合，可识别多种格式文本，语速、语调可根据用户习惯调节，还能结合触摸操作，手指滑动屏幕即可自动朗读所指内容，让视障人士也能轻松使用智能手机完成购物、社交等日常活动。

听力障碍人士在使用电子产品时，视觉提示成为关键。手机、平板电脑等设备在来电、信息通知时，除了声音提醒，还配备醒目的闪光灯提示，确保他们不错过重要信息。视频通话软件中的实时字幕功能，利用语音识别技术将语音转换为文字显示，让听障人士能够参与远程沟通、线上会议，跨越听力障碍实现交流互动。

肢体残疾人士由于身体运动功能受限，对产品的操控方式有特殊要求。单手操作辅助配件为单手功能障碍者提供便利，如手机指环支架、单手操作键盘等，可固定设备位置，将操作集中于单手可及范围，方便他们用单手完成打字、点击等操作。

3.5 消费电子产品的未来设计趋势

3.5.1 手势控制技术与眼动跟踪技术

手势控制技术作为一种新兴的人机交互方式，正逐渐在消费电子产品领域崭露头角。它利用摄像头、传感器等设备捕捉用户手部的动作、姿态，进而转化为相应的操作指令，实现对设备的控制。在智能电视领域，TCL等品牌已推出支持手势控制的产品，如图3-21所示，为TCL推出的C12E灵悉QD-Mini LED智屏电视，TCL电视为用户提供了更便捷的控制方式——灵控手势。通过摄像头和软件算法，用户只需挥动手臂，即可实现播放暂停、进度调节、音量调节等数10种操作。这一创新的手势技术完全摆脱了遥控机的限制，让交互更加自然流畅，为用户带来全新的电视观看体验。

眼动跟踪技术系统，眼动跟踪技术是一种通过追踪人眼在观看过程中的运动轨迹，来分析注意力分布、视觉注意力，以及揭示观察者的认知活动、心理状态等的技术。在虚拟现实（VR）、增强现实（AR）设备中，眼动跟踪技术的应用尤为关键。如图3-22所示，为VIVE Pro 2头显，VIVE Pro 2等高端VR头显配备眼动跟踪功能，用户在浏览虚拟场景时，设备能根据用户目光焦点快速调整画面渲染，提升视觉体验；同时，还可实现眼神交互，如通过注视特定图标完成选择、确认等操作，使交互更加精准高效。

3.5.2 柔性显示技术与可穿戴技术

柔性显示技术作为显示领域的重大创新，正重塑消费电子产品的形态与使用体验。它突破传统显示器件的刚性限制，以可弯曲、折叠甚至卷曲的特性，为产品设计开辟崭新空间。在智能手机领域，折叠屏手机是柔性显示技术的典型应用。如图3-23所示，三星Galaxy Z Fold系列自推出以来不断迭代，最新款凭借其先进的柔性OLED屏幕，实现了从手机到平板的形态转变。展开时，大屏尺寸带来更震撼的视觉效果，方便多任务处理、观看视频与文档编辑；折叠后，又恢复便携手机形态，满足日常携带需求。

图3-21　TCL的C12E灵悉QD-Mini LED智屏电视

图3-22　VIVE Pro 2头显

穿戴式设备如智能手表、健身手环等，作为长时间贴身佩戴的电子产品，贴合度与轻量化直接关系到用户的佩戴舒适度与使用意愿。如图3-24所示，以Apple Watch为例，表带设计是确保穿戴舒适性的首要环节，苹果公司提供了丰富多样的表带材质与款式选择，以适配不同用户的生活场景与个人喜好。运动型表带采用柔软、透气的氟橡胶材质，质地轻盈，具有良好的弹性与亲肤性。经典链式表带则选用不锈钢材质，经过精细打磨，链节间连接紧密顺滑，佩戴时贴合手腕曲线，可根据个人手腕粗细轻松调节长度。同时，Apple Watch机身采用轻量化铝合金材质，在保证坚固耐用的前提下，最大限度减轻了整体重量，让用户佩戴一整天也几乎感觉不到明显负担，轻松实现健康数据监测、消息提醒等功能。

3.5.3　增强现实（AR）与虚拟现实（VR）

AR技术通过将虚拟信息与现实场景相融合，为用户带来全新的交互体验。在智能产品领域，AR应用日益丰富，如图3-25所示，Rokid Glasses眼镜，采用一体化结构，重量仅49g，配备1200万像素专业级摄像头，支持高清拍照和视频录制。整合通义千问大模型算法能力，可完成物体识别、文字翻译、数学题解答等任务，还能接收应用通知提醒、实现导航辅助等。

VR技术则营造沉浸式虚拟环境，让用户仿若身临其境。在游戏领域，VR大放异彩，如图3-26所示，以《半衰期：爱莉克斯》游戏为例，玩家佩戴VR头显，手持手柄，置身游戏世界，360°自由环顾、亲手操作物品，射击、解谜互动等真实感爆棚，带来前所未有的沉浸体验，颠覆传统游戏操控感受。

图3-23　三星折叠手机　　　　　　　　　图3-24　Apple Watch的个性化表带

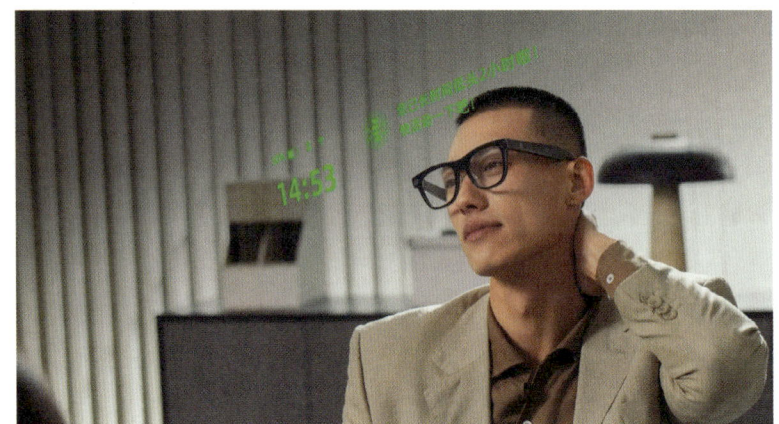

图3-25 Rokid Glasses眼镜

图3-26 《半衰期：爱莉克斯》游戏

本章小结

将人体工程学原理应用于消费电子产品设计，充分考虑用户的生理、心理特征以及使用习惯，使产品更贴合人的需求，提升用户体验，不仅有助于增强消费者对产品的满意度和忠诚度，还能使企业在激烈的市场竞争中脱颖而出。

课后练习

1. 观察自己身边的电子产品，分析其人体工程学尺寸是否合理。
2. 鼠标的使用姿势不当会导致哪些疾病？
3. 思考如何进行老年人手机的优化设计。
4. 为视力障碍人士设计电子产品时需要考虑哪些因素？
5. 请从人体工程学的角度思考未来电子产品的发展趋势。

第4章
手持工具设计

识读难度：★★★☆☆
重点概念：手部生理特征、手持工具设计原则

> ◀ **章节导读**
>
> 　　手持工具是解决生活中问题的重要手段，它关乎问题的解决方式、解决途径，从而影响问题解决效率。合理的手持工具设计不仅可以提高工作效率，还能减轻人使用工具的负担，因此对手持工具的人机考量非常重要，是设计师需要着重思考的问题。

　　人手主要由三部分组成：骨骼、肌肉和皮肤。手具有进行复杂活动的能力主要是由于其生理结构。在手部肌肉中，鱼际肌的区域较厚，有利于抓握物体。手背上的皮肤有更大的弹性，组织薄而柔软，这种皮肤特征是逐渐演变而成的，以适应手的抓握功能。肌肉收缩可以触发骨骼和关节的各种运动。手掌内部是手部肌肉的主要分布区域，短而致密，有利于精确操作，是运动和感知的主要组织。主要分为指球肌、手掌肌、指间肌、大小鱼际肌，如图4-1所示。图中的区域1、2、3、4和5是球肌，而区域6和7是小鱼际肌和大鱼际肌。这些区域肌肉丰富，神经和血管分布较少，能够承受更大的压力。区域8位于手掌前端，区域9为手掌，区域10为虎口区域，虎口无法承受巨大的压力，否则会对手掌造成损伤，导致麻木或轻微刺痛。在手持工具的设计中，应注意尽量减少手柄对手掌的压力。如图4-2所示为手部相关人机数据。

　　手骨主要由三大部分组成：腕骨、掌骨和指骨。指骨与掌骨之间的连接称为掌指关节（MCP），手掌附近的关节称为近指关节（PIP），指尖附近的关节称为远指关节（DIP）。正常手的关节有20个自由度，如表4-1所示，可以进行屈曲、伸展、旋转和翻转运动。

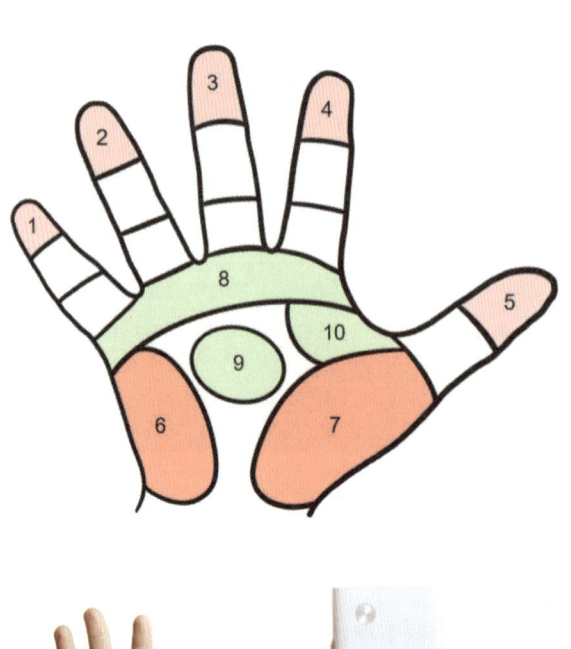

图4-1 手部肌肉分区

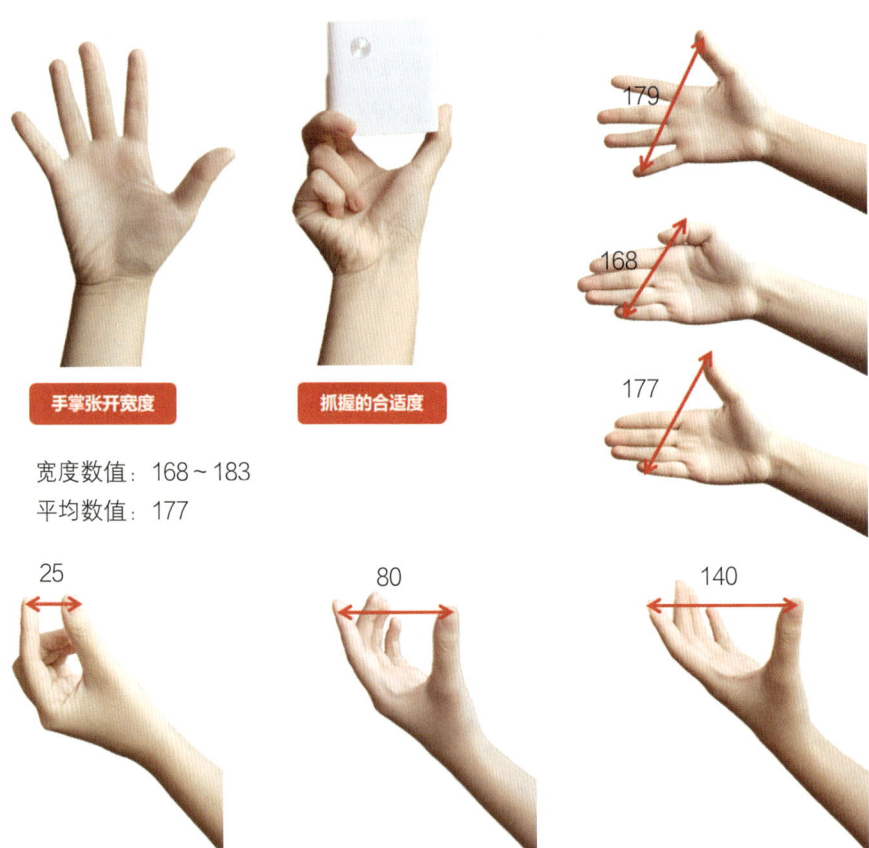

图4-2 手部相关人机数据（单位：mm）

表4-1　　　　　　　手指关节分布及自由度

名称	PIP数	DIP数	MCP数	自由度数
拇指	1	1	1	4
其他	4	4	4	16

4.1 手部力量分析

4.1.1 握力

握力是一种重要的手部力量。握力的大小很大程度上反映了手施加力的能力。同时，握力和其他手部力量密切相关。通常可以通过测量握力来选择操作员或评估操作员的握力状况。由于年龄和性别等因素，不同的人握力相差很大。表4-2显示了国家体育总局发布的《第五次国民体质监测公报》中不同年龄段男女的平均握力值数据。从表4-2中可以看出，人的年龄和性别对握力有显著影响。

表4-2　男女平均握力值　单位：kg

年龄/岁	男性	女性
20~24	43.5	26.6
25~29	44.4	26.6
30~34	44.7	27.0
35~39	44.1	27.2
40~44	43.8	27.3
45~49	43.1	27.0
50~54	41.9	26.0
55~59	40.2	25.4

4.1.2 姿势和施力方向

手的操纵力与人的工作姿势和施加力的方向等因素有关。以下是一个人在坐姿或站姿时不同方向（左手和右手）施加力的情况。

1. 坐姿时手操纵力

坐姿时手操纵力的一般规律是右手的力大于左手；当手臂低于手肘时，推力和拉力较弱，但其向上和向下的力量相对较大；推力略大于拉力；向下的力略大于向上的力；向内的力大于向外的力（图4-3）。表4-3显示了坐姿时不同角度测得的臂力数据。

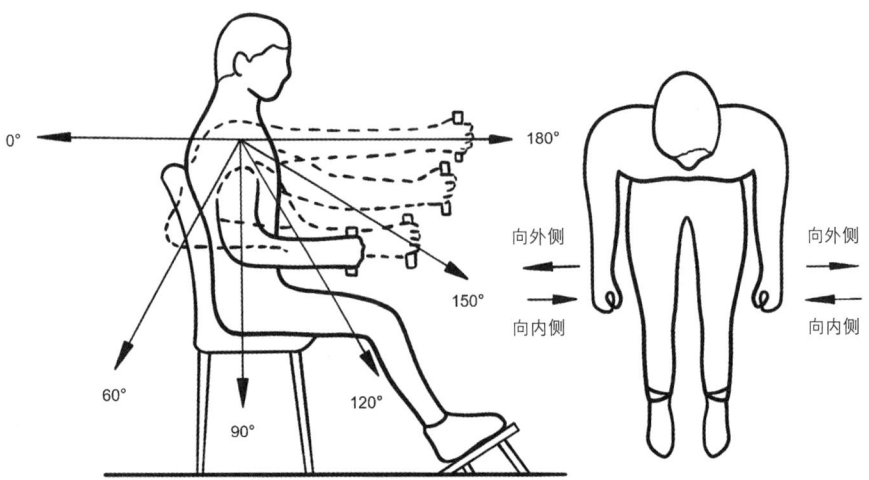

图4-3 坐姿工作时不同角度的臂力测定

表4-3　　　　　　　　　　坐姿时不同角度测得的臂力　　　　　　　　　　单位：N

	手臂的角度		180°	150°	120°	90°	60°
拉力	向后	左手	516	498	418	356	270
		右手	534	542	462	391	280
	向上	左手	182	231	240	231	195
		右手	191	249	267	249	218
	向内侧	左手	191	209	199	213	220
		右手	222	240	235	222	231
推力	向前	左手	560	493	440	369	356
		右手	614	547	458	382	409
	向下	左手	155	182	226	218	204
		右手	182	209	258	235	226
	向外侧	左手	133	129	133	146	142
		右手	151	146	151	164	186

2. 立姿时手操纵力

立姿操纵作业时，手臂的最大拉力产生在肩下方180°的方位上。手臂的最大推力则产生在肩上方0°方向上。所以，以推拉形式操纵的控制装置，安装在这两个部位时将得到最大的操纵力。

4.2 手部运动特征及相关病患

手的运动结构相对复杂，也是人体易受伤害的部位。手部长时间使用不合理的工具会因长时间大角度的扭转和承受压力而造成生理性损伤。因此在设计手持工具时要分析手部的运动特性，增加工具的安全性和舒适度。

4.2.1 手部运动特性

手部发出动作主要是肌肉收缩带动关节运动，实现屈伸、收展和旋转，从而完成各种复杂动作。其运动如下：屈伸，就是两块相邻的骨骼以关节为轴进行转动，夹角变小为屈，夹角逐渐变大为伸；收展，就是五指以中指为中心进行合拢和分散的动作，合拢为收，分散为展；旋转，就是将以上动作结合起来。由于手部关节结构的影响，手做两轴方向的运动更为方便。如图4-4所示，在Z轴上，手向手心和手背方向的转动称为掌屈和背屈，掌屈角度可达85°~90°，背屈角度可达75°~80°；在水平面上，以中指为轴线，手掌向大拇指和小拇指方向的转动称为桡侧偏和尺侧偏，桡侧偏可达15°~20°，尺侧偏可达35°~37°。手部处于自然顺直状态，是手握产品的最佳状态。

4.2.2 手部作业姿势不当导致的病患

使用设计不当的手持工具会导致多种上肢职业病甚至全身性伤害，如腱鞘炎、腕管综合征和网球肘等。这些病症一般统称为重复性积累损伤病症。

腱鞘炎是由初次使用不当或过久使用设计不良的工具引起的。工具设计得不恰当，引起尺偏和腕外转动作，会增加其出现的机会，重复性动作和冲击震动使之加剧。腱鞘炎在指、趾、腕、踝等部均可发生，但以桡骨茎突部和第一掌骨头部最为常见，如图4-5所示。腱鞘炎是腱鞘由于积劳损伤而发生纤维变性、腱鞘变厚，引起鞘管狭窄，肌腱在鞘管内活动受到限制，会影响人的正常生活。

腕管综合征是一种由腕管内正中神经受到压迫

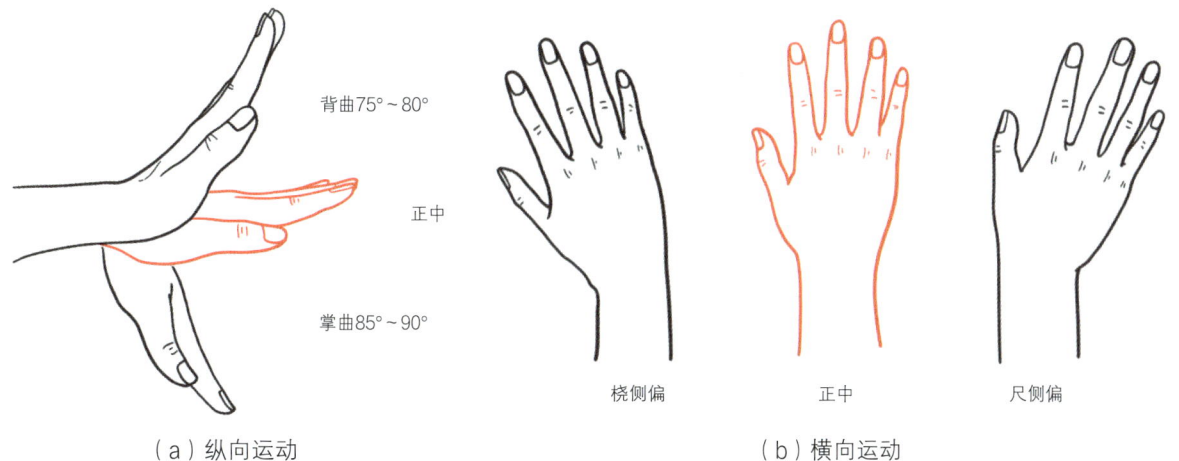

(a) 纵向运动　　　　　　　　(b) 横向运动

图4-4　手部运动范围

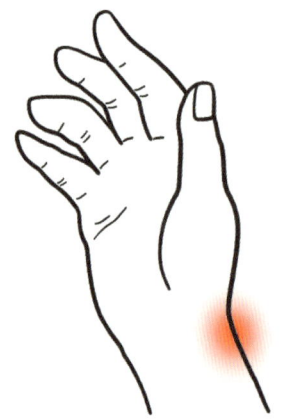 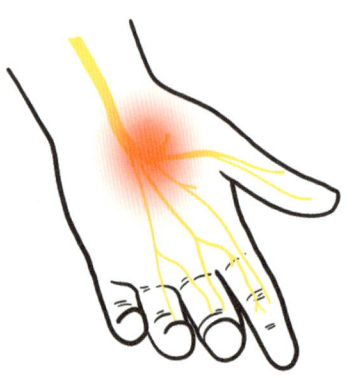 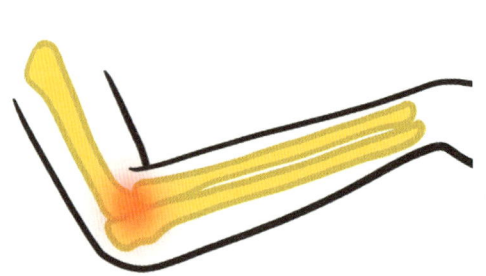

图4-5　腱鞘炎　　　　图4-6　腕管综合征　　　　图4-7　网球肘

而引起不适的疾病。手腕的过度屈曲或伸展造成腕管内腱鞘发炎、肿大，从而压迫正中神经，使正中神经受损。腕管综合征是最常见的卡压性神经病变（患病率约为1/25）。40~60岁的女性患病风险较高。症状包括拇指和桡侧手指麻木或刺痛、手腕疼痛和笨拙，如图4-6所示。所以在设计工具时务必考虑人的工作姿势的舒适度。

网球肘是由于慢性劳损，导致肱骨外上髁处形成急、慢性炎症所引起的疾病。肱骨外上髁是前臂腕伸肌的起点，由于肘、腕关节频繁活动，长期劳累，腕伸肌的起点反复受到牵拉刺激，引起部分撕裂和慢性炎症或局部的滑膜增厚、滑囊炎等变化，如图4-7所示。

4.3　手持工具设计原则

4.3.1　一般原则

工具必须满足以下基本要求，才能保证使用效率：
（1）必须有效地实现预定的功能。
（2）必须与操作者身体成适当比例，使操作者发挥最大效率。
（3）必须按照作业者的操作力度和作业能力设计，所以要适当地考虑到性别、训练程度和身体素质上的差异。
（4）工具要求的作业姿势不能引起过度疲劳。

4.3.2 解剖学因素

考虑手部解剖学因素，手持工具设计应注意以下几点：

（1）避免静肌负荷。当使用工具时，臂部上举或长时间抓握，会使肩、臂及手部肌肉承受静负荷，导致疲劳，降低作业效率。例如，在水平作业面上使用直杆式工具，则必须肩部外展，臂部抬高，使肌肉处于静态负荷状态，因此应对这种工具设计做出修改。将工具的工作部分与把手部分做成弯曲式过渡，可以使手臂自然下垂。如传统的直杆烙铁工具，当被焊接物平放在台面上的时候需要人将手臂抬起才能工作，如图4-8所示。而改进的烙铁则是弯曲的，从而保证了人在工作时手臂自然下垂的状态，减少人在抬起手臂时产生的静肌负荷，如图4-9所示。

（2）保持手腕处于顺直状态。手腕顺直操作时，腕关节处于正中的放松状态，但当手腕处于掌屈、背屈、尺偏等别扭的状态时，腕部就会产生酸痛、握力减小，如长时间这样操作，会引起腕管综合征、腱鞘炎等疾病。图4-10是钢丝钳传统设计与改进设计的比较，传统设计的钢丝钳造成掌侧偏，而改良设计使握把弯曲，操作时可以维持手腕的顺直状态，而不必采取尺偏的姿势。

一般认为，将工具的把手与工作部分弯曲10°左右，效果最好。弯曲式工具可以降低疲劳，较易操作，对腕部有损伤者特别有利。

（3）避免掌部组织过度受压。操作手握式工具时，常要用手施加相当的力。如果工具设计不当，会在掌部和手指处造成很大的压力，妨碍尺动脉的血液循环，引起局部缺血，导致麻木、刺痛等。好的把手设计应该具有较大的接触面，使压力分布于较大的手掌面积上，减小应力。如图4-11所示，有的把手上有指槽，但如没有特殊的作用，最好不留指槽，因为人体尺寸不

图4-8 改良前烙铁

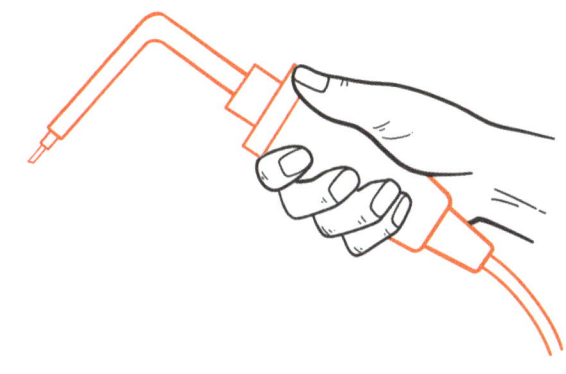

图4-9 改进式烙铁

同，不合适的指槽可能造成某些操作者手指局部应力集中。

（4）避免手指重复动作。如果反复用食指操作扳机式控制器，就会导致扳机指（狭窄性腱鞘炎），扳机指症状在使用气动工具或触发器式电动工具时常会出现。设计时应尽量避免食指做这类动作，而以拇指或指压板控制代替。

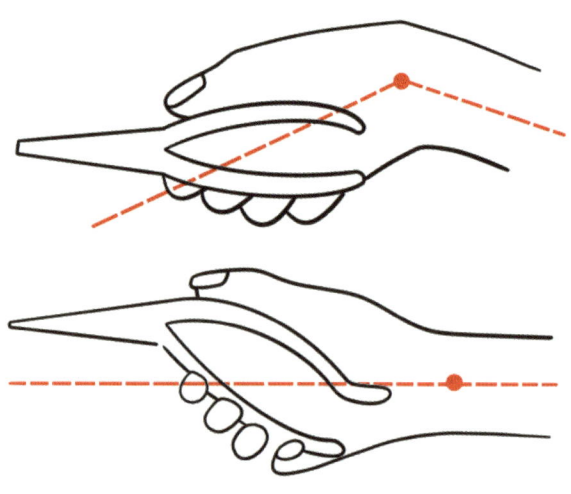

图4-10 钢丝钳传统设计与改进设计

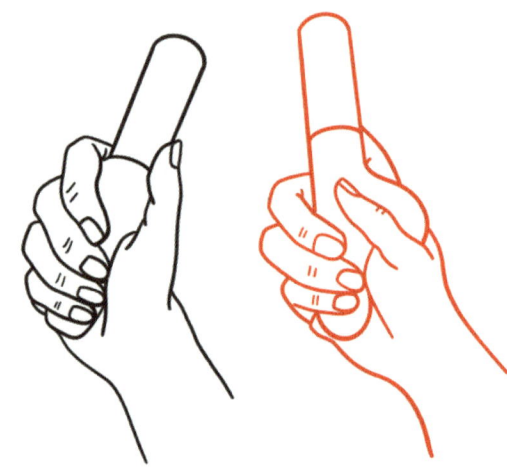

图4-11 避免掌部压力过大的把手设计

本章小结

　　人体工程学体系设计中，人是其根本出发点，因此对于人的研究至关重要。在设计中，我们不仅要掌握人的手部生理特征、承受能力、运动特点、使用习惯，还要了解如果设计不当会造成的危害、对人体造成损伤的原因及会导致的结果，以此来更好地遵循手持工具设计的基本原则，使手持工具设计不断进步，更加易用、好用，更符合人的生理、心理需求。

课后练习

1. 手部人体尺寸对手持工具的研究有什么帮助？
2. 设计手持工具时需要考虑哪些人机因素？
3. 手持工具不符合人体工程学会导致哪些疾病？
4. 找出考虑人体工程学的手持工具案例，并分析它是如何体现人体工程学的？
5. 观察生活中不合理的手持工具，并思考如何改进。

第5章
显示设计

识读难度：★★★☆☆
重点概念：人机界面、视力识别范围、操纵尺寸及摆放顺序

> ◀ 章节导读
>
> 本章将深入探讨显示设计领域中的关键概念、最佳实践和创新趋势。从用户界面到信息可视化，通过解析设计原则、色彩理论和用户体验，探讨显示器设计和控制器适配，以满足多平台需求。读者将全面了解显示设计的核心要素，掌握设计原则及技巧及相关实用技能，应对不断演进的设计挑战。本章从理论到实践，为设计师和创意从业者提供了显示设计方面全面而深入的指南。

人机系统是指由相互作用、相互依赖的若干组成部分结合成的具有特定功能的有机整体。人机系统包括人—机—环境三个组成部分，它们相互联系构成一个整体。用模型来描述人机系统，如图5-1所示：操作过程的情况由显示器显示出来，作业者首先要感知显示器上指示信号的变化，然后分析、解释显示的意义并做出相应决策，再通过必要的控制方式进行过程的调整。这是一个封闭的人机系统，即闭环人机系统。

在人机系统模型中，人与机之间存在一个相互作用的"面"，称为人机界面，人与机之间的信息交流和控制活动都发生在人机界面上。机器的各种显示都"作用"于人，实现机—人信息传递；人通过视觉和听觉等感官接受来自机器的信息，经过人脑的加工、决策，然后做出反应，实现人—机信息传递。

图5-1 人机系统图解

5.1 显示器设计

在人机系统中,人们可以直接或间接地感知相关信息。随着信息量的增加,人们需要准确、及时和完整地获取信息,系统的间接感知意味着必须通过信息显示器及其系统提供越来越多的信息。信息显示设备,又称显示器,是专门为人的感官传递信息而设计的人机系统。这些信息包括操作说明、机器性能参数、运行状态和其他相关信息。人感知信息的方式与信息处理和性能管理行为直接相关。因此,显示设备的设计和选择必须符合人的生理和心理特点,以实现人机协调和安全高效的系统。人体工程学的目的不是处理机器和设备本身的技术设计,而是人机界面设备的设计和提供适合人类使用的参数和要求。

5.1.1 显示器分类

在人机界面的设计中,根据人接收信息的感觉通道不同可以将显示界面分为视觉显示界面、听觉显示界面和触觉显示界面。其中视觉和听觉显示界面应用最为广泛。视觉显示方式主要有数字显示和模拟显示两类。数字显示有机械式、数码管式、液晶式和屏幕式等,直接用数码来显示有关参数和工作状态(图5-2)。

视觉显示是最常用的。常用的视觉显示器包括各种计数器、信号灯、指示灯、标志和其他显示装置,如图表、表格、标志、显示屏、地图等。听觉显示主要是声音指示器,如铃声、钟声、警报器、哨声、警报等。触觉显示

(a)数字视觉显示器　　　　　(b)模拟视觉显示器

图5-2　视觉显示器

器是人的手、脚或肢体通过触摸直接获取信息的设备。在设计和选择显示器时，应根据信息类型选择正确的感官通道。

适合用视觉传递的信息：内容复杂或抽象；较长的内容或传递的信息必须记忆备查；必须利用空间或位置传递信息；传递速度不需要特别快；接收者的位置固定；需要显示几种信息的组合；其他感官渠道传递困难等。

适合用听觉传递的信息：信息内容简单或紧急；传递速度快或不需要留作参考；需要在有限的时间内处理信息；接收者的位置不固定；其他感觉通道传递信息有困难等。

适合用触觉传递的信息：需要触摸设备才能感受到信息；信息内容简单，易于识别；其他渠道传递困难等。

5.1.2 显示器选择与设计的基本原则

①显示的信息必须清晰可辨，以便接收者能够快速、准确地理解和接受。信息内容不得超出接收者的观察和注意力范围。

②显示器传输的信息不能过多，特别是过多的辅助信息会增加接收者的心理负担。

③必须考虑到人类接收信息的能力；如果一种感官渠道超负荷，可以使用另一种渠道接收信息。多种感官渠道比单一渠道更能吸引注意力。

④同种类的信息应尽量用同样方式传递，如无特殊原因，不应采用不同的方法进行显示。

⑤信息变化时显示的方向和数量应与信息变化的效果和趋势保持一致。

⑥当显示大量信息时，应根据技术方法、不同信息的重要性和使用频率进行组织，重要的显示内容应放在显著位置。

⑦为便于识别，在某些情况下可采用两种或两种以上的编码方法，如形状和颜色的组合。

⑧显示的信息应足够准确可靠。

⑨应确保在特定的工作环境中实现所显示信息的功能和作用，以便为接受者提供最佳的工作条件。在不同的国家、地区或行业，信息代码的使用应尽可能统一和标准化。

此外，在设计和选择视觉显示时，视觉信息的形状、大小、颜色、指数、字母、空间位置、强度、照度、亮度、变化、背景、环境、强度、频率、持续时间和信噪比等都应与信息接收者的生理和心理特点相适应。这样，信息显示器的操作者才能更快地识别信息，减少误读、误听，具有较高的可靠性，并且能够减轻精神紧张和身体疲劳。

5.1.3 视觉显示器设计

1. 视觉显示器分类

（1）视觉显示器按其显示信息方式的不同，一般可分为模拟显示器、数字显示器和屏幕显示器三类。

①模拟显示器。它是指用模拟量来显示机器工作状态各参数的装置，如指针式仪表、信号灯等。

特点：所显示的信息比较形象和直观，使人对模拟量在全程范围内所处的位置及在总量中的占比一目了然，并能显示出偏差趋势。对于监控作业进度效果较好。

应用：汽车上的油量及时速仪表盘、氧气瓶上的压力表等。该类显示器通常用于监控设备和各种仪器。由于这些显示器通常是通过指针和刻度的相对位置来读取数据，有时还需要进行插值估算，因此精度和识别速度都低于数字显示器。

②数字显示器。它是指直接用数码来显示机器工作状态各参数的装置，如计算器、电子表及列车运行的时间显示屏幕。

特点：认读过程简单、直观，只要对单一数字或符号辨认识别就可以了，认读速度快，精度高，且不易产生视觉疲劳。

应用：计算器、闹钟及列车运行的时间显示屏幕等。

③屏幕显示器。屏幕显示器综合了模拟显示器和数字显示器的特点，既能显示机器工作过程中的某一特定参数和状态，又能显示其模拟量值和趋势，还能通过图形和符号显示机器工作状态及各有关参数，是一种功能综合的信息显示装置，具有重要的用途和广泛的发展前景。

（2）视觉显示器按其显示功能的不同，一般可分为读数用仪表、检查用仪表、警戒用仪表、追踪用仪表、调节用仪表。

①读数用仪表。此种仪表刻度的具体数值显示设备的状态和参数。

②检查用仪表。显示设备或系统状态参数偏离正常值的情况。

③警戒用仪表。显示设备或系统运行状态是否处于正常范围之内，一般分三个区域：正常、警戒、危险。

④追踪用仪表。在动态控制系统中，根据显示装置提供的信息进行追踪操纵，以便使设备按照人所要求的动态过程工作，必须显示实际状态与需要达到状态之间的差距及其变化趋势，如追踪与瞄准飞行中的目标。

⑤调节用仪表。只是用来指示操纵装置的调节值，不指示系统运行的动态过程，如收音机调频。

2. 视觉显示器设计原则

人在各种有目的的行为中，一般都需要接收信息和处理信息。在人与产品之间的信息传递过程中，机器信息显示质量直接影响人的信息接收和处理效果，这在很大程度上取决于仪表显示设计是否合理。

在视觉显示器设计中应考虑以下原则：

（1）视觉显示器设计应以人的视觉特征为依据，确保使用者迅速准确地获取所需要的信息，同时，显示的精确程度应与人的辨别能力和系统要求相适应，既不宜过低，也不宜过高。

（2）仪表显示的信息种类和数目不宜过多。同样的参数应尽可能采用同一种显示方式，显示的信息数量应限制在人的视觉通道容量所允许的范围之内，使人处于最优信息条件之下。

（3）仪表的指针、刻度标记、字符等与刻度盘之间，在形状、亮度、颜色等方面应保持适当的对比关系，使目标清晰可辨。一般目标应有确定的形状、较亮的亮度和鲜明的颜色，而背景相对于目标应亮度较低、颜色较暗。

（4）显示格式应简单明了，显示意义应明确易懂，利于使用者正确理解。

（5）具有良好的照明，保证对目标的辨认。

5.1.4　听觉显示器设计

1. 听觉显示器

听觉显示器主要是利用示警信号（声音）来传达信息。

特点：可快速有效地传递简单和短促的信息，反应快、方向不受限制。

应用：蜂鸣器、警笛、报警器等。

适度的声音提示可以增加使用者的安全感，明确其操作已经被响应。例如：蓝牙耳机开启时"滴"的声音，烧水壶完成工作时"叮"的声音，洗衣机开启时"哔"的声音（图5-3），都是可以提升我们信任度的听觉体验。这些提醒人们安全的鸣奏，在产品操作不当时发生的报警，可以减少用户的错误。

2. 听觉显示器设计原则

（1）考虑产品使用的背景，在噪声严重的场合，音量编码器的频率选择在噪声掩蔽效果最低的范围内。

（2）使用断续的或音调有起伏变化的声音信号，更能引起人的注意。最好能够组成视、听双重报警信号。

（3）考虑提示音的穿透能力，音量信号传播距离远和翻越障碍物时，应

图5-3 具有提示音的洗衣机

加大声波强度,使用较低的频率。

(4)注意音响设备的数量,避免设备之间的相互干扰。

5.1.5 显示界面设计

1. 界面设计

众所周知,软件是一种工具,当涉及软件与人之间的信息交流时,界面的设计是至关重要的,其成功与否很大程度上取决于用户与界面之间的互动体验。因此,界面的易用性和美观性成为确保用户满意度和有效使用的关键。在设计人机界面时,需要充分利用一系列人机界面设计原则和方法,以确保其功能性、易用性和吸引力。

2. 界面设计原则

(1)合理性原则。这一原则的作用是确保人机系统设计框架的合理性和清晰性。每个设计方案都必须有定性和定量分析,是理性思维和感性相结合的产物。设计者必须在严谨的理论分析和设计实践的基础上,通过定量优化,将不合理因素降到最低。

(2)动态性原则。设计师应该有四维或五维的工作理念。作品不应该只是一个二维或三维的平面,还应该有多维因素,如时间和空间的转换,以及情感、思想的发展。

(3)多样化原则。设计应该考虑多种因素。如今,人们了解设计的途径越来越多,但如何有效地获取信息,如何分析设计信息,这就需要设计师们用创造性的思维和方法去思考。

(4)交互性原则。在设计界面时,交互过程应占据中心位置。一方面是对象提供的信息,另一方面是人接收和反馈的信息,必须很好地理解和掌握每个对象的信息。

(5)共通性原则。理解各类界面的协调性和统一性。在工业设计中,整体信息沟通和界面设计要注意形式感和传输方式的互通性和协调性,设计语言要具有国际性和通用性。

5.2 控制器设计

控制对人类的活动至关重要。日常生活中有许多控制过程,如用键盘和鼠标打字,或用按钮、开关和旋钮操作机床。控制是操作员改变被控对象状态的行为。有些东西(如位移、速度等)容易控制,而有些东西(如加速度)则不容易控制。控制有两种类型:直接控制和间接控制。直接控制一般为手动控制,即由人进行控制,如使用剪刀和钳子等装置。间接控制一般为非人工操作的机器控制。

5.2.1 控制器分类

控制器的分类方法很多。按操纵的身体部位不同,可分为手动控制器、脚动控制器和声音控制器等;按控制器的运动方式不同,可分为旋转控制、摆动控制器、按压控制器、滑动控制器和牵拉控制器等。

5.2.2 控制器设计原则

与显示设计一样,控制设计首先要了解需要执行的控制任务的情况、控制的要素等。在有条件的情况下,也需要进行一些测试,研究用户的任务,然后再选择合适的控制器。控制器的类型和任务的要求与情形有密切关系。选择控制器必须在对操作任务进行分析后才可以进行。选择控制器,主要考虑4个方面的因素:控制器的功能、任务需要、用户对信息的需求、工作场所的情况。所以控制器设计要满足以下原则：

①控制器要有利于操作，尽量减少或避免不必要的操作，以确保系统的效率。

②控制器的运动方向必须与预期功能相匹配。

③控制器的尺寸、形状和方向必须易于抓握和移动。其形状必须符合人体手部和其他部位的解剖学特征。

④控制器操作部分的活动范围必须以操作者的身体部位、活动区域和人体尺寸为基础。

⑤控制器的阻力、惯性和扭矩必须与人的体力相适应，并确保安全。

⑥如果有多个控制装置，必须根据系统的操作程序和作用顺序进行配置，以确保操作安全、准确和快速。

⑦控制器的材料必须符合卫生要求，做到安全、触感舒适。

⑧要能避免无意识的操作而引起的危险。

⑨使用编码提高控制装置识别效率，避免混淆，减少控制失误。一般使用形状、位置、颜色、尺寸和符号等控制编码。

5.2.3 控制器的编码

一旦设计人员选择了正确的控件，就必须考虑如何让用户快速识别控件，减少错误操作和寻找正确操作的时间。正确编码的控件可以提升用户体验，减少熟悉时间。控件编码一般有五种类型：形状、位置、颜色、尺寸和符号。选择控件编码时必须考虑以下几个因素：

①用户对识别控制器的要求。

②用户已经使用的编码方法。

③用户工作区域的照明条件。

④用户对识别速度和准确性的要求。

⑤放置控制器的空间。

⑥需要编码的控制器数量。

1. 形状编码

形状编码是将不同功能的操纵装置设计成不同的形状和表纹，便于操作者辨认，是一种容易被视觉和触觉辨认的编码方式。

采用形状编码需要注意：操纵装置的形状及其功能应在逻辑上相互关联，以便于记忆图像；操纵装置的形状应能在不用视觉或有必要戴手套的情况下，凭触觉分辨清楚。通常情况下，我们应该将所有可能的控制器与不同的形状结合起来，让受试者在蒙住眼睛的情况下通过触摸控制器形状来识别这些控制器。詹金斯（Jenkins）对控制器的形状进行了类似的实验。实验表明，如图5-4所示的11种形状是最不容易被混淆的形状。

2. 位置编码

位置编码是根据定位差异识别操纵装置的一种方式。操纵装置可以通过视觉或盲视进行定位，盲视定位意味着操作员即使不直视操纵装置也能正确操作；可以根据操纵装置的功能组合来安排其和显示器的位置；将同一类型的操纵装置安排在同一位置；用形状、颜色、标记等来区分不同区域；将重要的操纵装置安排在人的四肢最佳工作区域内。位置编码在作用比较明显的情况下，用户通常对不同控制键的位置比较熟悉，如键盘上按键的位置用户通常比较熟悉，因此很多用户能完全放心地不看键盘的位置打字，即"盲打"（图5-5）。

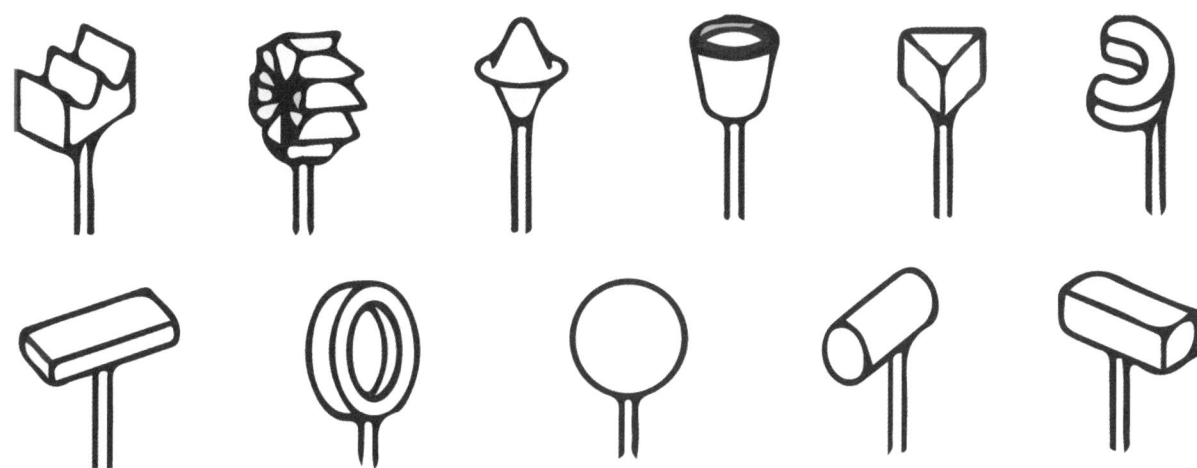

图5-4　最不容易被混淆的控制器形状

图5-5　键盘排列

3. 颜色编码

颜色编码是利用颜色来识别操纵装置的一种方式。颜色编码特别有利于视觉搜索作业。不过，人类识别颜色的能力有限，通常最多只能识别10种颜色，颜色过多容易混淆，不利于识别。最常用的颜色是红色、橙色、黄色、绿色和蓝色。颜色编码通常不单独使用，而是经常与形状、位置和尺寸编码结合使用。同时，还必须考虑适当的照明条件，以及色调、亮度和饱和度这三个要素之间的关系（图5-6）。

4. 尺寸编码

尺寸编码是通过操纵装置的尺寸大小来识别操纵装置的一种方式。这种编码可以为视觉和触觉提供信息，但人仅凭触觉识别大小的能力很低。如对圆形旋钮，若作相对辨认，则大旋钮的直径至少比小旋钮大20%；若作绝对辨认，则一般只用2~3种大小不同的操纵装置。因此，尺寸编码往往与形状编码等组合使用。尺寸编码可用于指示操纵装置的相对重要性。但是如果操作者在只依靠触觉的情况下，尺寸的作用是有限的，而触觉区分尺寸大小的能力通常依赖于区分的物体形状，因此，不同的尺寸编码通常要与不同的形状编码结合使用，如图5-7所示。

5. 符号编码

符号编码是通过使用图形符号或文字识别操纵装置的一种方式。在操纵器上或附近使用符号或文字来表示其功能，可以提高识别效率。图形符号应使用简明易懂的通用符号；文字应通俗易懂、简单明了，避免使用复杂的术语。使用符号编码需要特定的空间位置和良好的照明，标签必须清晰易读，如图5-8所示。

图5-6　机床操作面板

图5-7　游戏手柄控制器编码设计

5.2.4 常见控制器

1. 按键

按键一般由手指或手操作。按键所占面积小，能够用颜色和标识进行有效编码。按键设计应该保证手指操作时不会滑移，如图5-9所示。

另外，在设计时要充分考虑手指和手操作对按键设计的影响，如图5-10所示，按键设计具体参数建议，如表5-1所示。

图5-8　汽车控制器符号编码

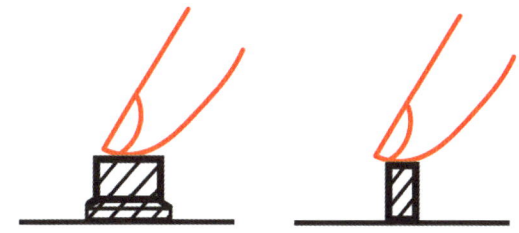

图5-9　按键大小设计对比

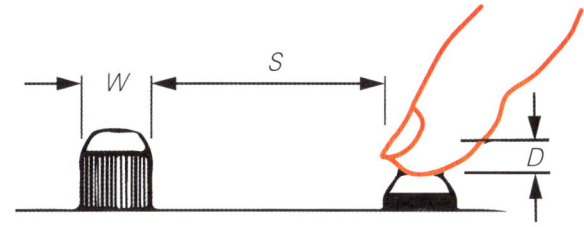

图5-10　按键设计建议

表5-1　　按键设计具体参数建议　　单位：mm

类型	方形边宽或直径W			阻力R（N）				位移D		间距S			
										单指			
	指间	拇指	手掌	单指	其他指	拇指	手掌或手指	指间	拇指或手掌	简单操作	连续操作	不同手指	手掌或拇指
最小	10	19	40	3	1	3	3	2	3	13	6	6	25
首选	—	—	—	—	—	—	—	—	—	—	—	—	—
最大	25	25	70	11	6	23	23	6	40	—	—	—	—

2. 旋钮

旋钮可以分为连续转动和定位转动两类。旋钮设计要保证操作者手感舒服、旋钮转动灵敏，如图5-11所示。

连续旋钮一般都用于精细控制，因此在设计中阻力较小，表面处理应该粗糙一些，以增加手感和摩擦，如图5-12所示。

定位旋钮操作时阻力应该大于连续旋钮。同时，应使操作者在旋钮达到定位位置的时候，获得明确的接触信号，如图5-13所示。

3. 控制杆

使用控制杆，控制力可以大为增加。控制杆的运动方向可以分为上、下或前、后，控制杆的位置多于两个时，每个位置应该有定位槽口，如图5-14所示。对于精密控制杆，一般应该增加手腕支撑，如图5-15所示。

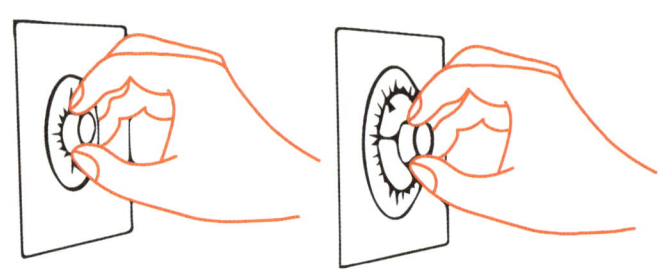

图5-11　两种不同的旋钮设计对比

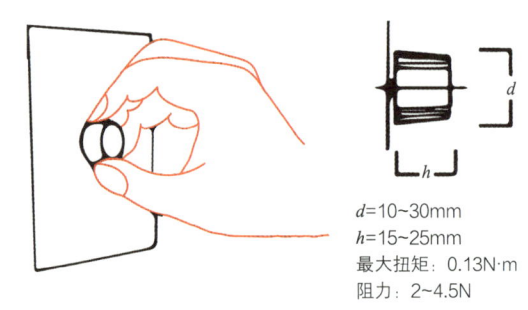

d=10~30mm
h=15~25mm
最大扭矩：0.13N·m
阻力：2~4.5N

图5-12　连续旋钮设计建议参数

d=35~75mm
h=20~50mm
最大扭矩：3.2N·m
阻力：12~18N
转角：15°~40°

图5-13　定位旋钮设计建议参数

图5-14　控制杆的定位槽口

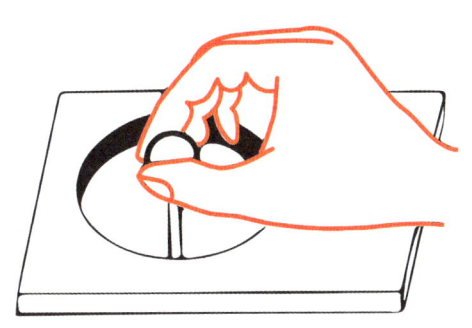
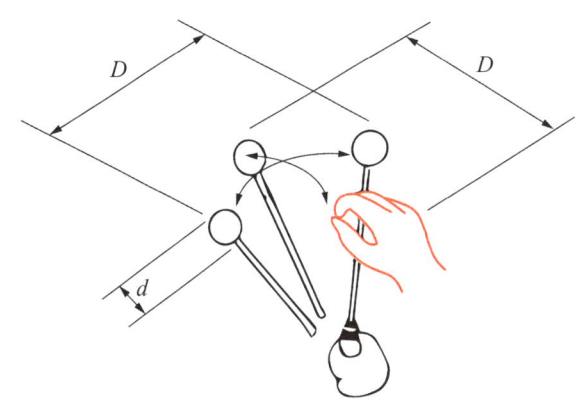

图5-15　精密控制杆的手腕支撑设计

图5-16　控制杆的设计

控制杆的设计和参考尺寸如图5-16、表5-2所示。

表5-2　　　　　　　　　　　　　控制杆设计参考尺寸　　　　　　　　　　　　　单位：mm

类型	直径d		阻力R（N）				位移D	
			前—后		左—右			
	指柄	手柄	单手	双手	单手	双手	前—后	左—右
最小	13	32	9	9	9	9	—	—
首选	—	—	—	—	—	—	—	—
最大	38	75	135	220	90	135	360	970

4. 手轮和摇把

手轮和摇把可以自由连续旋转，适用于多圈操作。根据用途不同，它们大小差别很大。比如，机床上用的小手轮直径只有几十毫米，而汽车方向盘（大手轮）的直径则有几百毫米。大手轮的设计如图5-17及表5-3所示。

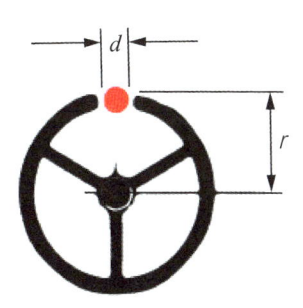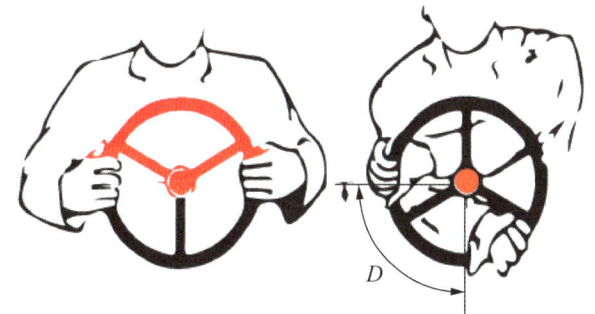

图5-17　大手轮设计参考

表5-3　　　　　　　　大手轮尺寸设计参数　　　　　　　　单位：mm

类型	大手轮半径r		手轮边缘直径d	阻力R（N）	两手在大手轮上的位移角度D（°）
	有力操控	无力操控			
最小	175	200	19	20	—
首选	—	—	—	—	—
最大	200	255	32	20	120

5. 踏板

踏板是使用得比较多的足控制器。踏板的使用能减轻手的工作负荷，并且适用于需要用大力气操作的场合。但是与手相比，踏板速度慢、准确性差，所以它不如手控制器用得广泛。为了方便对踏板施力，踏板应保持合适的尺寸与角度，这决定了踏板设计的一些重要参数，包括踏板高度、角度和座位的安排等，如图5-18所示。

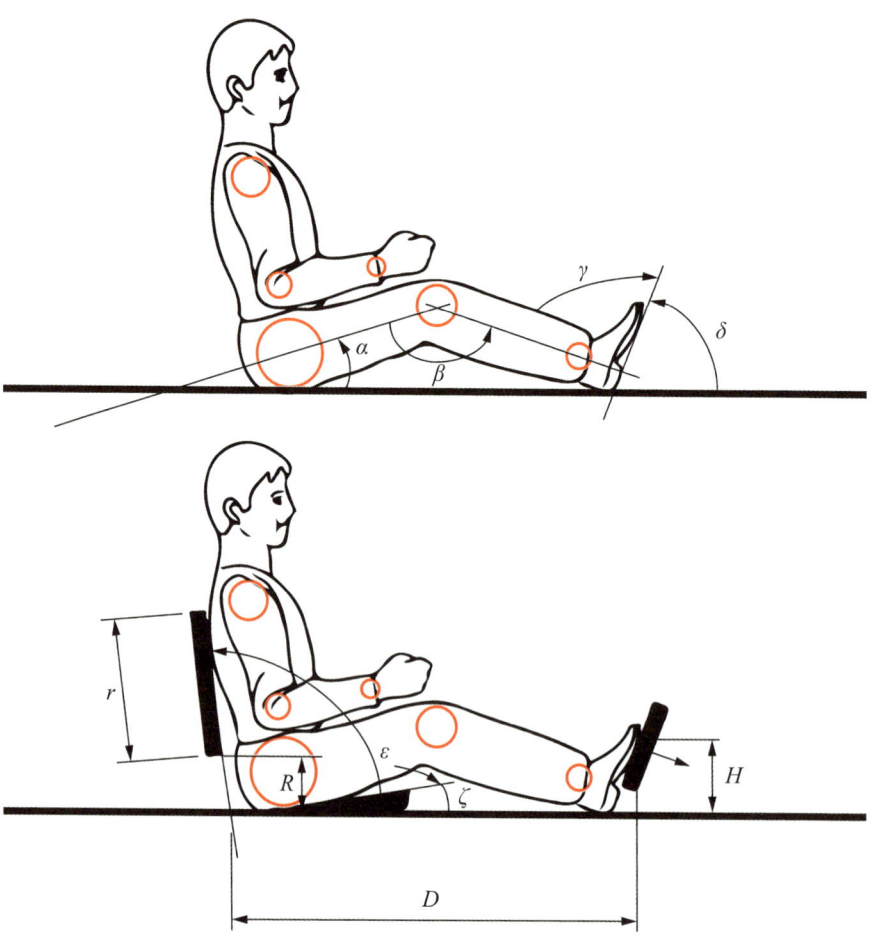

图5-18　踏板设计中人的姿势和工作尺寸设计

当需要大的操作力时，由于操作者需要整个腿用力来推动踏板，踏板应该安装在与座位面差不多的高度上。当操作者的脚放在踏板上时，他的腿几乎是伸直的。当需要的操作力不大时，踏板可以放得低一些，使操作者的腿采取自然的姿势，可通过转动踝关节来踩动踏板。踏板的移动路线，应该与操作人员自然状态下的大腿、膝和踝关节的连接路线相兼容。

踏板也有站立操作的，这样的操作可以减轻手操作的负担。但是，站立操作踏板会造成腿部肌肉较大静态施力。因此，这类踏板的功能应该只限于开关控制，避免长时间抬脚作业。如图5-19所示是两种踏板设计对比。

5.2.5　显控协调设计

控制器与显示器在生产操作中常常是组合在一起使用的。两者配合得是否合理，将直接影响信息传递的速度和质量。一般来说，控制器与显示器的配置应遵循以下原则：

①空间协调性。它是指显示器与控制器在空间位置关系上的一致性。

②运动协调性。它是指同一对象的控制与显示在运动方向上的一致性。一般旋钮顺时针为增加，逆时针为减少。

③概念协调性。它是指控制器与显示器编码的意义要和其作用一致。例如，用表示危险的红色指明制动，用表明安全的绿色标明运行等。

④通用协调性。通用定型就是人们长期形成的共同习惯，也称习惯定型。例如，收音机顺时针旋转表示音量增大，电闸向上推表示"接通"、向

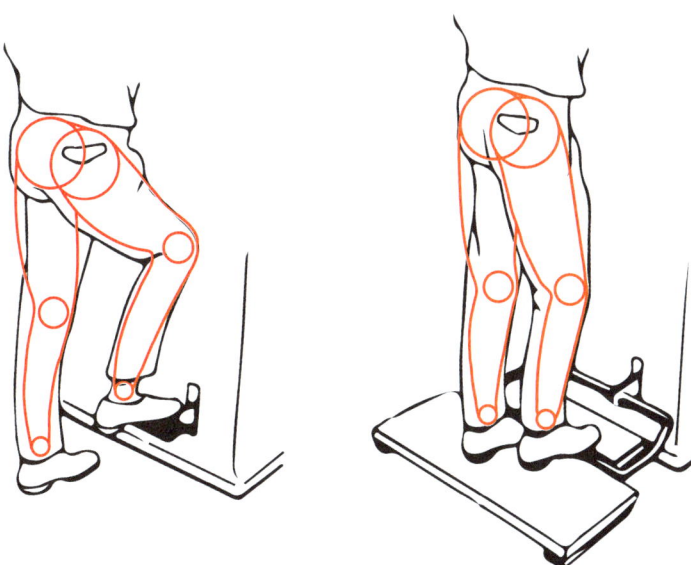

图5-19　两种踏板设计对比

下表示"断开",汽车的离合器踏板在"左"、制动器踏板在"右"等。

控制器与显示器的配置应尽可能遵循以上原则,当彼此发生矛盾时,应综合考虑,权衡利弊后再进行配置。

5.3 以轨道交通驾驶室内显示设计为例

近年来,设计中对人的认知、情感、感性因素日益重视,与此相关的一些理论不仅代表着人体工程学的前沿课题,更成为今后人体工程学研究发展的趋势和方向。

将人体工程学应用于驾驶室显示屏的设计、分析和研究,目的是使驾驶室的设计满足驾驶员工作的基本要求,同时考虑到最舒适、最方便、最安全驾驶和最有效地减少驾驶员的身心疲劳。由显示屏和操作件组合而成的控制单元被称为控制台。控制台位于司机驾驶室内,是列车控制系统最重要的组成部分,司机操作列车和检索运行状态信息的控制和监测界面都集中在这里,司机无需离开司机驾驶室,就可以在司机座位上方便地获取牵引、车门、车内环境、照明、无线系统和广播电视系统等所有必要信息(图5-20为

图5-20　动车控制台

动车控制台）。控制台设计是否科学和合理，对司机能否完整、准确地完成控制功能有着重要影响。

轨道交通驾驶室的控制台设计要满足以下三方面的条件：

①尺度宜人，可以保证驾驶员有舒适的操作姿势和合适的身体支撑。

②显示器布置合理，能够适合驾驶员的视觉特征。

③操纵器布置合理，方便驾驶员操作。

5.3.1 显示器视觉设计

1. 视觉信息显示分析

在进行轨道交通驾驶室视觉信息显示设计时需要了解驾驶员的视觉特征，要依据视觉机能及视觉特征等进行设计。

（1）视觉功能

视觉功能是视觉器官对客观事物识别能力的总称，它包括视角、视力、视野、对比感度、颜色辨认等。视角是由瞳孔中心到被观察对象两端所张开的角度，观察距离以及瞳孔和被观察目标的两端点的直线距离都会对视角造成影响。眼睛分辨物体细微结构的能力称为视力，视力会随着年龄、亮度、亮度对比度、颜色对比等的变化而变化。我们通常所说的视力，是视网膜中央凹处注视点的视力，即中心视力。由图5-21可见，视力只有在注视点附近才能保证完全看清物体，当离开注视点时，视力大约下降1/2。

（2）视觉特征

①人眼沿水平方向运动要比沿垂直方向快，人看到水平方向的物体要先于垂直方向，对水平方向的尺寸、比例估计的准确程度要高于垂直方向。

②人眼在水平方向不容易感到疲劳，观察顺序习惯于从左到右，由上到下，以及沿着顺时针方向观察。

③在设计时要以双眼视野的设计为依据。

④人眼在偏离视觉中心并且偏离距离相等的情况下，左上限的观察为最优，其次是右上限、左下限，最差的是右下限。

⑤直线轮廓比曲线轮廓更易于被人眼接受。

⑥人眼辨色能力与颜色对比有一定关系。

2. 视觉信息显示设计

在设计控制台的视觉信息时，设计者应考虑驾驶员的视觉功能和视觉特征，包括视觉信息显示屏的总体空间布局、在仪表板中的位置、仪表显示屏的有效识别性和仪表的亮度，以便驾驶员在黑暗环境中能准确快速地识别仪表。视觉信息显示屏的空间布局设计包括水平和垂直两个方面。

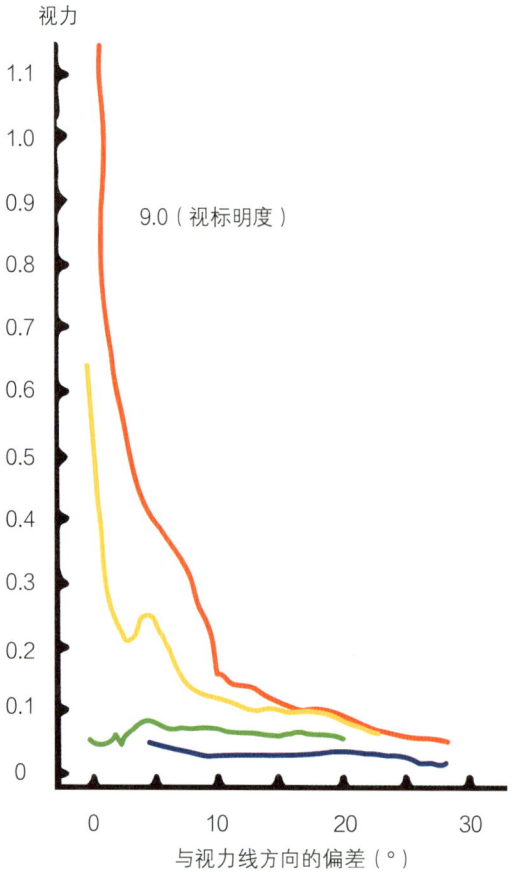

图5-21 视力与视觉中心的偏差

水平布局应与驾驶员的水平视野保持一致,信息显示屏和仪表的位置应根据其功能和分区的重要性来确定,以便驾驶员能准确读取数值等。在任何情况下,必须确保视觉信息显示屏位于最佳视野范围内,且视距一致。不同类型的车辆不仅应根据各自的车辆参数和标准进行设计,而且同一类型的不同车辆也应根据各自的车辆设计和视觉信息显示屏的设计要求进行设计。

设计控制台视觉信息显示屏的垂直仪表布局时,应考虑到驾驶员的垂直视野,以及垂直视野中不同视角的优缺点。图5-22显示了驾驶员坐在座椅上时的垂直仪表布局区域。如图所示,驾驶员必须将视线向上抬起才能看到A区的仪表,因此只有很少使用但必要的显示仪表(如警报器等)才可以放在这里。C区是司机观察的最佳区域,该区域的可视性非常好。在运行中,经常监测和控制的信息显示器适合放在该区域,如高速列车的LKJ2000显示屏、ATP显示屏、地下人机界面显示屏或列车自动控制系统显示屏等。D区是上肢正常操作区的显示设备,恰好与控制台操作有关,可以布置大量的按钮和旋钮，用于制动、启动、设置和更改信息等，也可以布置一些子程序显示装置。信息显示屏最好与人眼保持约710mm的距离，其高度不应妨碍驾驶员观察车道底部的信号灯。此外，该装置和显示屏的位置应与驾驶员的视野成90°，以确保最佳可见度。由于驾驶员在工作时头部会自然前倾，因此仪表板与垂直面之间的夹角可为25°~30°，以满足视线与观察对象成90°的要求（图5-23）。

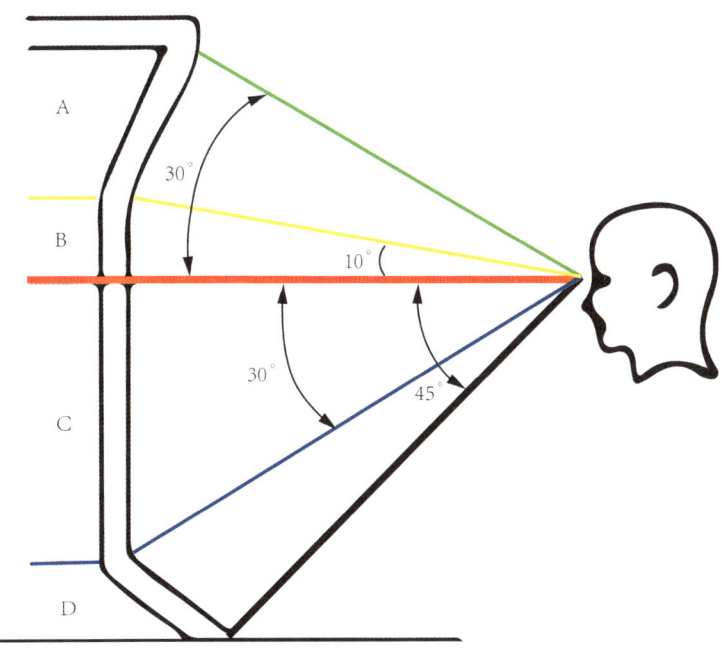

图5-22　坐姿下垂直仪表分配距离

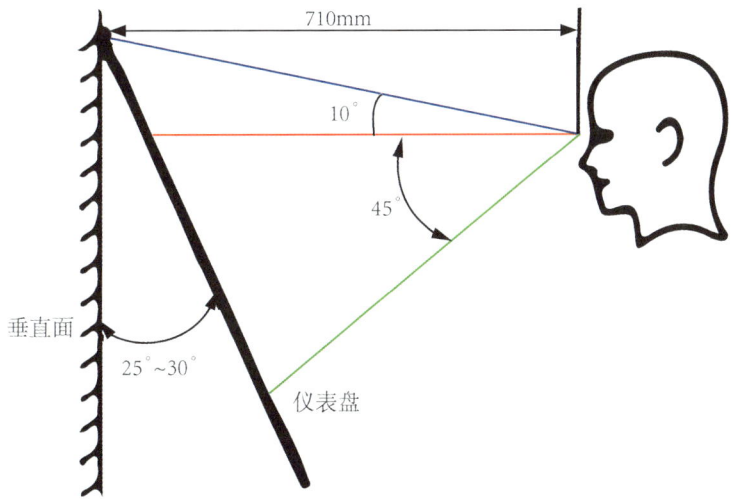

图5-23　坐姿下仪表板合适夹角范围

按照视觉运动规律,显示装置板面的设计要呈左右方向的矩形。相互联系越多的仪表、显示器等要布置得越靠近,例如车门关闭和未关闭的指示灯要布置到一起,方便驾驶员观察。此外,仪表、显示器等的排列要考虑到它们的逻辑关系。最重要、最常用的仪表和显示器要尽量安置在人的最优视区,即在视野中央3°范围内。在20°~40°的视野范围内放置一般重要的显示器、仪表;在40°~60°的视野范围内,只可安排偶尔用的、不重要的少数个别次要仪表或显示器。但有的车辆由于其装置较多,如动车组,不能确保所有信息显示装置都在驾驶员眼动视野范围内,有些装置需要驾驶员稍微转动头部进行观察,这些不在眼动视野范围内的显示装置必须是不重要的显示装置。

为了确保有效的设备识别,还必须考虑到不同类型的数据显示屏识别准确率的差别,其中带窗口的设备最佳,其次是圆形设备、半圆形设备、带横条的设备和带竖条的设备。在设计驾驶室内仪表显示时,显示方式必须符合驾驶员视觉习惯的认知和记忆特点。一般来说,驾驶室内常用的仪表是压力表和速度表,使用圆形仪表符合习惯和惯例,如地铁列车驾驶室就使用圆形仪表显示速度。为了便于驾驶员识别显示屏上的信息,信息显示屏必须确保显示内容和背景有一定的对比度。这种对比度可以是背景和内容之间的亮度差异,也可以是背景和显示内容在颜色上的差异。例如,在颜色匹配方面,可以在蓝色背景上使用白色符号,这种颜色对比鲜明,驾驶员可以轻松有效地识别。另外,还需要配合不同的颜色来区分操作区域或操作情况,以便驾驶员更容易感知和快速判断。例如,在列车制动测试中,绿色表示正在进行测试,红色表示制动测试失败,启动/停车模式通常使用黄色,绿色表示制动保持。最后,要注意显示屏材料的选择,尽可能使用反光小的显示屏,尽量减少车厢照明和外部环境光线对显示屏的影响,以便驾驶员能够准确识别和读取。为确保在黑暗环境中也能有效识别设备,设备照明应满足黑暗环境中的照明要求。在设计设备照明时,还必须考虑驾驶员眼睛对黑暗的适应情况,将设备照明的颜色设置为柔和的白光。为确保驾驶员的健康,驾驶室必须配备光敏传感器,根据天气条件配置合适的仪表照明。此外,为了方便驾驶员在夜间工作,需要将灯光设计为可调节模式,使其清晰可辨;同时要考虑到人们惯用手及照明习惯,照明通常置于驾驶员左侧,可以直接安装在控制台的水平面板上。

3. 听觉信息显示分析

听觉是仅次于视觉的第二重要感官。视觉受空间和周围亮度的限制,而听觉可以弥补视觉的不足,并与视觉相互配合。在火车驾驶室中,助听器和视觉辅助设备可以帮助驾驶员安全地完成任务。在设计列车驾驶室内的声学信息显示屏时，必须了解驾驶员的听力能力，并考虑听力功能及其特征。声波作用于听觉器官，唤醒其感觉细胞，使听觉神经对传入的信息产生冲动，经各级听觉中枢分析后形成听觉。对于设计者来说，重要的是要了解和理解听觉的警示功能，合理利用声音信号，让人们做出反应，了解危险或重要情况的发生。

轨道交通驾驶室的听觉显示装置可以分为两类，即声音听觉显示器和言语听觉显示器。声音听觉显示器包括蜂鸣器、扬声器等，言语听觉显示器包括PIS乘客信息系统手持机，CIR无线通话手持机以及麦克风等。

（1）声音听觉显示器设计

声音信号的设计必须满足驾驶员识别和感知信号的需要，以便驾驶员能准确区分警告信号和注意信号。设计时必须考虑：声音信号必须能被驾驶员识别；信号的持续时间至少为2秒；信号的持续时间必须与危险存在的时间相对应；信号的消失也必须与危险的状态相对应。蜂鸣器通常安装在中控台上，便于配合信息显示装置起到警示、提醒注意的作用。扬声器通常安装在车顶面板上。

（2）言语听觉显示器设计

言语听觉显示具有很强的信息传达能力，并且更加符合人的习惯。在设计时必须确保言语的清晰度，语言的强度。由于驾驶室中存在噪声，因此要保证在噪声环境中的言语显示。

在安装布置上，语音助听器显示屏一般安装在控制台上，安装时应注意设备的支撑，即设备靠近显示屏的位置。麦克风应提高言语清晰度和强度，具备易于从噪声环境中听到言语的功能，并安装在控制台上。考虑到不同驾驶员的坐姿和臀部情况，可采用柔性材料，便于驾驶员根据喜好进行调整，并可根据驾驶室空间大小、噪声情况等安装多个麦克风。具体位置不能影响驾驶员对控制单元的操作，也不能影响驾驶员对屏幕的观察；可以安装在驾驶员视线紧贴屏幕的水平位置，也可以安装在垂直的信息显示面板上。

5.3.2 操纵器视觉设计

车辆驾驶室内的调车控制装置是驾驶员用来向机器传输信息的设备，以便执行控制功能，设置和更改车辆的运行状态，属于操纵控制器。驾驶员还可以通过感官接收来自操纵控制器的反馈信息，进一步执行操作。因此，操纵控制器是人机系统中的另一个界面。操纵控制器设计得好不好，直接关系到人机系统的效果。设计一个合适的操纵控制器，使驾驶员能够准确、快速、安全地完成操作，并减少驾驶员的压力和疲劳，应充分考虑驾驶员的生理、心理、驾驶行为等的特点。在铁路运输中，尤其是在高速列车中，驾驶室调车控制器的种类繁多，根据人体控制部位的不同可分为手操纵器和脚操纵器，由于铁路驾驶室内的脚操纵器只是安装在踏板上的备用装置，结构比较简单，所以主要讨论手操纵器。手操纵器按大类可分为控制杆类（例如司机控制手柄）、按钮按键类（例如开关门按钮）、旋钮类旋钮（例如司机室照明旋钮）、拨动式开关（前、后开闭结构开关），以及触压屏［例如列车超速自动防护系统（Automatic Train Protection，ATP）显示器］等。设计师要根据不同的操作需要进行设计，其形状、大小、旋转的度数、操纵力的大小等，要根据GB/T 10000—2023《中国成年人人体尺寸》中给出的中国成年人手部尺寸、关节的活动范围以及手臂的操纵力等进行设计。

　　从图5-24可以看出，两手的最大活动范围为两只手臂，横向1500mm，纵向500mm是驾驶员在稍微弯腰的状态下双手的可达范围，而一般的左右手活动范围，横向长度约1190mm，纵向长度约在390mm，表示驾驶员在正常坐姿下的双手可达范围。对于轨道交通车辆司机操纵台器件布局，设计师在进行设计时要把常用的器件放置在推荐的最佳操纵范围内，即以肩关节为中心旋转半径394mm的弧形范围内，如司机控制器、制动器以及换向阀等器件，要确保在驾驶员正常坐姿情况下双手可达范围之内。驾驶员在车辆运行时，出于操纵和安全的需要，其右手需要一直放在司控器上，操纵时

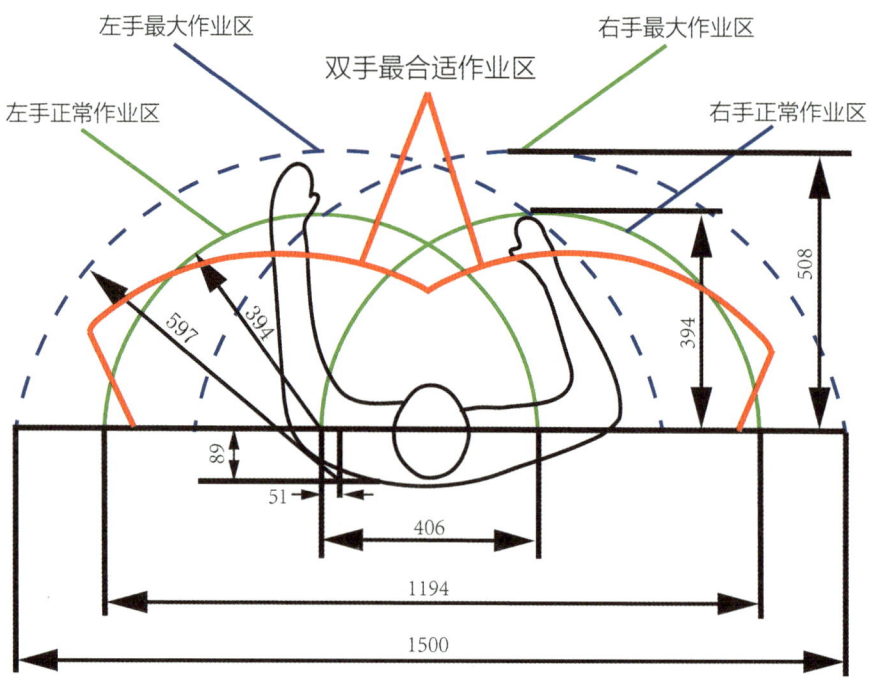

图5-24　动车驾驶室人体数据（单位：mm）

间一长非常容易疲劳。所以在设计时，应注意控制司控器的位置。在保证我国第5百分位的女性到第95百分位的男性都可以触碰的情况下，要加宽司控器距操纵台边缘的距离，或者从驾驶室座椅设计出发，使驾驶员在操纵过程中，手肘得到一个合适的着力点，以缓解驾驶员的疲劳。此外，设计还要考虑到驾驶员在进行操纵时左右手的分工问题。以地铁为例，因为驾驶员的右手需要一直放置在司控器上，很多工作需要左手来独立操作完成。在考虑操纵台部件的布局时，尽可能把常用按键放置在左边。

本章小结

通过本章内容的学习，我们对产品人机界面设计有了全面的认识。在显示器设计中，关键的原则是确保信息传达的清晰性和人机交互的便捷性。通过合理分层和分区显示信息，采用清晰简洁的图形符号和标签，以及适度的对比度，提高用户信息识别的效率。一致的操作逻辑和及时的交互反馈有助于降低用户认知负担，提高系统的易用性。此外，安全性、多模态交互以及持续的优化更新等方面的考虑也是必要的。通过这些设计原则，可以实现显示器系统在不同分辨率和屏幕尺寸下的适配，并确保在各种情境下用户能够安全、高效地使用系统。显控系统的人机协同设计是关键，通过用户反馈和持续优化，系统可以不断适应用户需求和技术发展，提升用户体验。

随着工业生产智能化技术的发展，人体工程学在人机界面设计的应用中有了更贴近人的要求与变化。设计中，要求人机界面功能与形式更好地统一，从而获得最大的经济效益、情感效益和审美效益。这也为人体工程学提出了新的课题，将有力地推动其发展。

课后练习

1. 人机系统包括什么？
2. 显示器的类别包括哪些？请结合日常生活中的例子进行说明。
3. 控制器设计原则是什么？
4. 请描述显示界面设计原则有哪些。
5. 你认为在设计中，显控协调设计应该如何实现？

第6章 座椅设计

识读难度：★★★☆☆
重点概念：座椅设计、人体尺寸、设计要点

> ◀ 章节导读
>
> 座椅的人体工程学设计至关重要，对人体健康和工作效率有着深远的影响。本章将着重探讨座椅的设计要点与实践，包括座椅的设计历史、分类、设计原则，以及人体工程座椅设计的实践案例。本章旨在引导读者理解工作座椅设计对于工作环境和人体健康的重要性，为创建符合人体工程学标准的座椅提供指导。

6.1 坐具的历史和分类

6.1.1 坐具的历史

中国古代坐具的发展历史可谓源远流长，其形态可分为低矮型和高型两种。低矮型坐具是指与"席地而坐""席地而卧"等起居方式相配套的坐具类型。它的高度通常被控制在人保持坐、跪、卧的身体姿态时，身体可控的高度范围内，即50cm以内，因此被称为"低矮型"坐具。夏商周中国古代坐具初具雏形，在周代，席的使用已很普遍："古器用不备，皆坐于地上，而籍以席。"（尚秉和《历代社会风俗及物考》）

高型坐具是指与"垂足坐"的起居方式相适应的坐具类型，它的高度通常被控制在人体小腿长度的平均值以上，因此被称为"高型"坐具。在我国古代多民族的融合过程中，北方少数民族及西域少数民族的家居文化与起

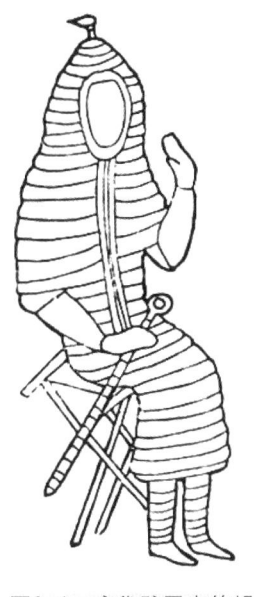

图6-1 唐代壁画中的胡床

居方式也深深地影响了中原汉族人民，东汉时，出现了与现代马扎类似的坐具——"胡床"（图6-1），高型坐具开始崭露头角。

魏晋南北朝时期虽有椅子的形象出现，但"椅子"的称谓还没有出现，而是被统称为"胡床"。直到唐代，椅子从"胡床"的品类中分离出来，同时对后来"高型坐具"的产生起了积极的促进作用。各种新型的坐具及在原有"低矮型"坐具的基础上高度有所增加的坐具开始出现并大规模流行起来，成为主要的坐具。我国由席地而坐、盘腿而坐的习俗转为垂足而坐后，直至当代，高型坐具在坐具中的主导地位从未改变。

国外坐具的历史可以追溯到古埃及、古希腊和古罗马时期。古埃及的宝座和凳子是古代早期的椅子之一，通常用于象征权力和地位。古希腊时期，凳子和带有靠背的椅子已经出现，多用于用餐或公共场合。中世纪时期，椅子常常是贵族和宗教权威的象征，具有装饰性和复杂的雕刻，多用于庄严场合和高级室内。当时的坐具设计与宗教信仰、社会制度和文化背景密切相关，常见的特点是注重装饰性和象征性，同时也反映了当时的技术水平和社会价值观。

工业革命给国外坐具的发展带来了革命性的影响和改变，新的材料和制造工艺开始被广泛应用于坐具制造，这时的设计更加注重功能性，考虑人体工程学，出现了更多可调节的部件，出现了可调节高度和靠背角度的椅子。

国外坐具在不同时期和地区有着独特的风格和创意，从古代到现代，一直在不断地演进和创新。近年来，坐具设计逐渐融入智能科技，有了适应不同人群、场景等需求的更加个性的细分，提升了舒适度和用户体验。

6.1.2 坐具的分类

坐具按照形态可以分为沙发、椅子、凳子和躺椅四类。

沙发是现代坐具类家具中应用最为广泛的一种，通常有靠背和扶手，用于单人或多人坐卧，常用于娱乐和休息场所，居室中沙发通常放置在客厅、起居室或休息室中。沙发的种类很多，尺寸、形状和功能各有不同，如单人沙发、双人沙发、多人沙发等，按照材质分类有布艺沙发、皮革沙发等。

椅子是坐具类家具中最基本的一种，是一种通常有靠背的坐具，多用于单人坐。椅子的形式和功能多种多样，按照功能分类有餐椅、电脑椅、休闲椅等，按照材质分类有木质椅、塑料椅、铁艺椅、皮艺椅等。椅子可以单独使用，也可以配合桌子使用。

凳子和椅子非常相似，通常没有椅背，用于单人或多人坐，可以单独使用或配合桌子使用，使用场景较多，如餐厅、客厅、卧室等。凳子的种类也很多，按照材质分类有木质凳、塑料凳、铁艺凳等。

躺椅是休闲场所经常使用的一种坐具，有一些可调节靠背和椅座角度，能够让人以舒适的姿势斜躺或平躺。它通常用于休息和放松，提供更舒适的体验，有时具备脚踏板或脚托部分。通常放置在室内或室外的休息区，可以让人更好地放松身心。躺椅的种类也很多，按照材质分类有布艺躺椅、木质躺椅、铁艺躺椅等。

坐具按照功能可以分为工作座椅、休闲椅、户外座椅、特殊用途椅子。

工作座椅是专为办公环境设计的椅子，旨在提供长时间舒适的坐姿和支撑，以提高工作效率和减轻疲劳。这类椅子通常具备可调节高度、靠背角度、扶手高度等功能，将人体工程学运用于设计中，以提供良好的脊椎支撑和舒适性。

休闲椅用于放松休憩，通常较为舒适，适合独自或少数几人使用，用于居室、休息室或娱乐区。这种椅子通常注重舒适度，靠背设计更倾斜，有一些具有可调节的部分，包括躺椅、摇椅等。躺椅通常具有可调节角度的靠背和脚踏板，用于舒适的休息和放松；而摇椅具有摇摆功能，适合休闲放松，有助于缓解压力。

户外座椅是为户外环境设计的椅子，具备耐久性和防水性，用于花园、露台或户外休息场所。这类椅子通常采用防水、耐久的材料制作，考虑防晒、防水和易清洁的特性。

特殊用途椅子是根据特定需求设计的椅子，如按摩椅、轮椅、学习椅等，适用于特殊场景和特定群体。每种特殊用途椅子均具备特定的设计特征，根据特殊需求进行设计和制造，如按摩椅注重按摩功能，轮椅注重易用性和舒适性。

这些种类的坐具根据功能用途进行设计，可以满足人们的各种需求。

6.2 工作座椅设计

人们在生活和工作时，离不开座椅，特别是以坐姿进行工作的人，每天都有1/3以上的时间在与座椅打交道。因此座椅设计除了材料运用得当及造型大方美观以外，更重要的是要符合人体工程学设计原则，即进行座椅设计时必须充分考虑人体的坐姿生理特征，让坐在其上的人可以拥有更好的状态。

工作座椅设计如果不考虑人体工程学原理，工作人员很容易因长期处于错误坐姿状态而使身体遭受危害，如颈椎、胸椎、腰椎等部位的疾病。因此，科学、合理的工作座椅设计尤为重要。人体工程学为工作座椅设计提供科学的指导，使座椅可以真正地适应人体的生理特征。

6.2.1 工作座椅中的关键尺寸参数分析

工作座椅必须具有的主要构件包括坐面、腰靠、支架等，扶手视情况而设（图6-2）。

工作座椅的结构形式应尽可能与坐姿工作的各种操作活动要求相适应，应能使操作者在工作过程中保持身体舒适、稳定，并能进行准确的控制和操作。

对座椅设计有用的主要人体尺寸如图6-3所示。

工作座椅虽然形式多样，但结构基本相似。为了给办公人员提供舒适的办公环境，工作座椅有如下主要参数。

（1）座面高度

座椅面前沿到地面的垂直距离称为座面高度。座面高度是影响坐姿舒适

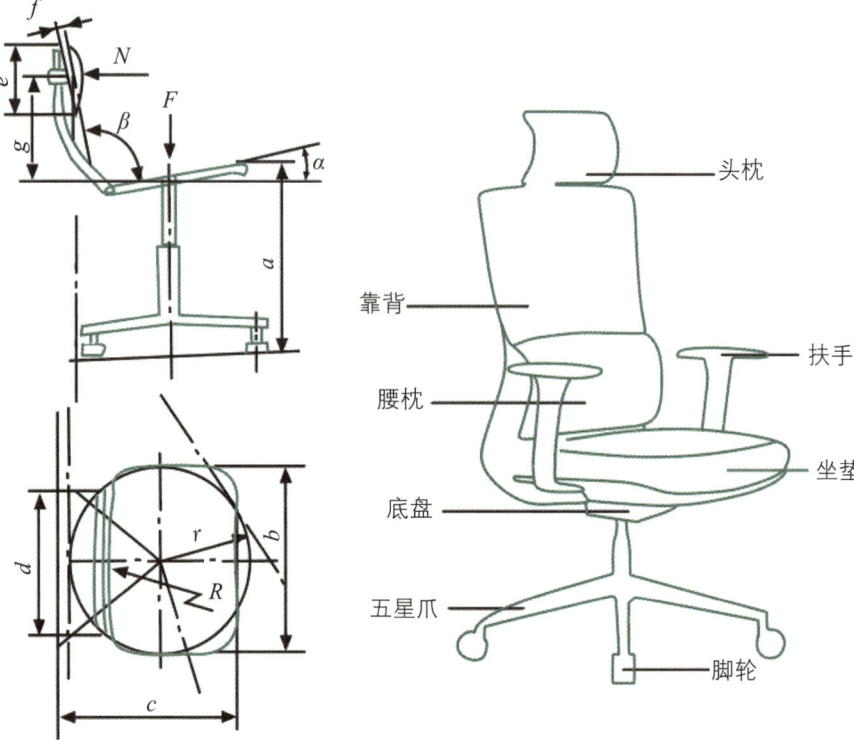

图6-2 一般工作座椅结构形式

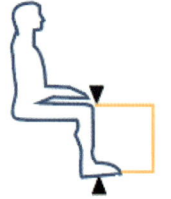 坐着高度（自然）
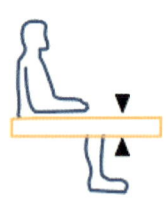 肘高
 臀部至小腿距离
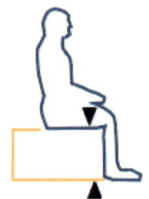 膝盖高度
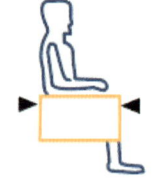 大腿净高
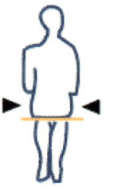 肘至肘的宽度

坐着臀部高度

臀部至膝盖的距离

臀部宽度

图6-3 对座椅设计有用的主要人体尺寸示例

程度的主要因素之一，座面高度不合理会影响人的坐姿，腰部容易产生疲劳感，长时间下来容易产生腰部疾病。人体有一部分体压分布在腿上，座面过高，两腿悬空碰不到地面，会使大腿血管受到压迫，影响血液的循环流动；座面过低，膝关节会向上拱起，体压会集中在人体上半身。工作座椅座面高度的调节方式可以是无级的，或间隔20mm为一挡的有级调节。合理的座面高度，依照人体工程学原理应为：座高=小腿高+足高+鞋厚-适当空间。座高大致区间在38~48cm。

（2）座面倾角

当工作人员处于坐姿状态时，人体骨盆下部的两块坐骨结节趋近水平，座面角度设计不合理会使股骨转动，髋部肌肉可能会有压迫感，身体感到不适。座面倾角的设计可以调节坐骨结节周围的体压分布，如果倾角过大会导致臀部受力增大，给使用者带来压迫感；倾角过小，或者有前倾角，可能导致坐滑现象发生。工作用座椅座面倾角为0~5°较为合适，推荐的座面倾角为3°。

（3）座面深度

座面前沿到后沿的距离称为座面深度。座面深浅关系到人体背部是否可以贴靠到座椅靠背上。座面过深，人体背部支撑点会悬空，导致小腿麻木；座面过浅，大腿前侧会悬空，把重量全部积压在小腿上，人体疲劳感会加快。根据人体工程学研究，座深=坐深-6cm（间隙）。

（4）座面宽度

座面宽度是由人体臀部尺寸加适当的活动范围而定的。办公座椅的座面宽度要尽可能宽，因为必须适合于身材高大的人，其对应的人体测量尺寸是臀宽。座面宽度的设计通常以女性臀宽尺寸第95百分位为依据。座面宽度一般不小于380mm，国标GB/T 3326—2016规定：靠背椅座位前沿宽≥380mm。

（5）扶手高度

座椅设计扶手的目的是让双臂在自然下垂时得到有效支撑，减轻上肢肌肉紧张，提高乘坐舒适感，同时也方便人在起身站立或变换姿势时支撑身体和帮助身体稳定。在设计时扶手高度应合理，从而达到有效的支撑作用。扶手过高或过低都会引起手臂疲劳，根据人体工程学研究，扶手高度与扶手与座面距离有关，距离控制在20~25cm内比较符合大部分工作人员的需求。扶手前侧的角度也要随着座面角度和靠背角度的改变而改变。

（6）肩靠设计

肩靠位置大概在第五、六胸椎的高度，与肩胛骨高度大体一致。肩靠的设计,可以使长时间处于坐姿工作而肩颈不适的工作人员缓解不适,让身体得到更好的放松与缓解,从而更好地完成工作。

(7)腰靠设计

椅背高48~63cm,宽35~48cm。由于人体背部的骶骨和臀部需要有后凸的活动空间,所以座面后沿距离靠背要有后凹的部分或者空隙(高度为12.5~20cm),通过最小化臀部与尾椎部位压力来减轻使用者的肌肉压力和疲劳感。

(8)靠背倾角

靠背倾角指靠背与座面之间的夹角。靠背倾角可以影响椎间盘压力和背部肌肉,靠背倾角的增加能增加人体的舒适感,因为身体后仰时,身体的负载移向背部的下半部和大腿部分。当座面与靠背夹角在110°以上时,倾斜的靠背支撑着身体上部分的重量,从而减少椎间盘压力,所以人体上身向后倾110°~120°为佳。

(9)坐垫

坐垫是办公座椅设计的重要组成部分。人体坐骨粗壮,与周围肌肉相比能承受更大压力,而大腿底部有大量血管和神经系统,压力过大会影响血液循环和神经传导而使人感到不适,所以坐垫上的压力应按照臀部不同部位承受不同压力的原则来设计,即在坐骨处压力最大,向四周逐渐减小,至大腿部位时压力降至最低。此外,坐垫的材料应透气而且不打滑,以增加舒适度。

6.2.2 工作座椅的设计要点

日本著名的人体工程学家小原二郎提出,好的座椅必须解决好三个方面的问题:①合适的尺寸;②人体压分布和舒适度问题;③姿势和疲劳问题。

现代座椅的设计要可靠、耐用、安全,更重要的是要满足使用功能与舒适度要求。各类座椅都应根据人体工程学的基本法则,结合人体的生理和心理需求设计,给使用者提供最大限度的使用方便和安全感、视觉美感等。

理想的工作座椅是人坐上去时,体重能均衡分布,大腿平放,两足着地,上臂不负担身体的重量,肌肉放松。因此在座椅设计时应考虑其结构形式、几何参数与人体坐态生理特征、体压分布的关系问题,这直接关系到使用者的工作、休息状态。图6-4为根据日本人体测量数据所设计的办公座椅原型,从该图可以看出座椅设计基本尺寸概况。

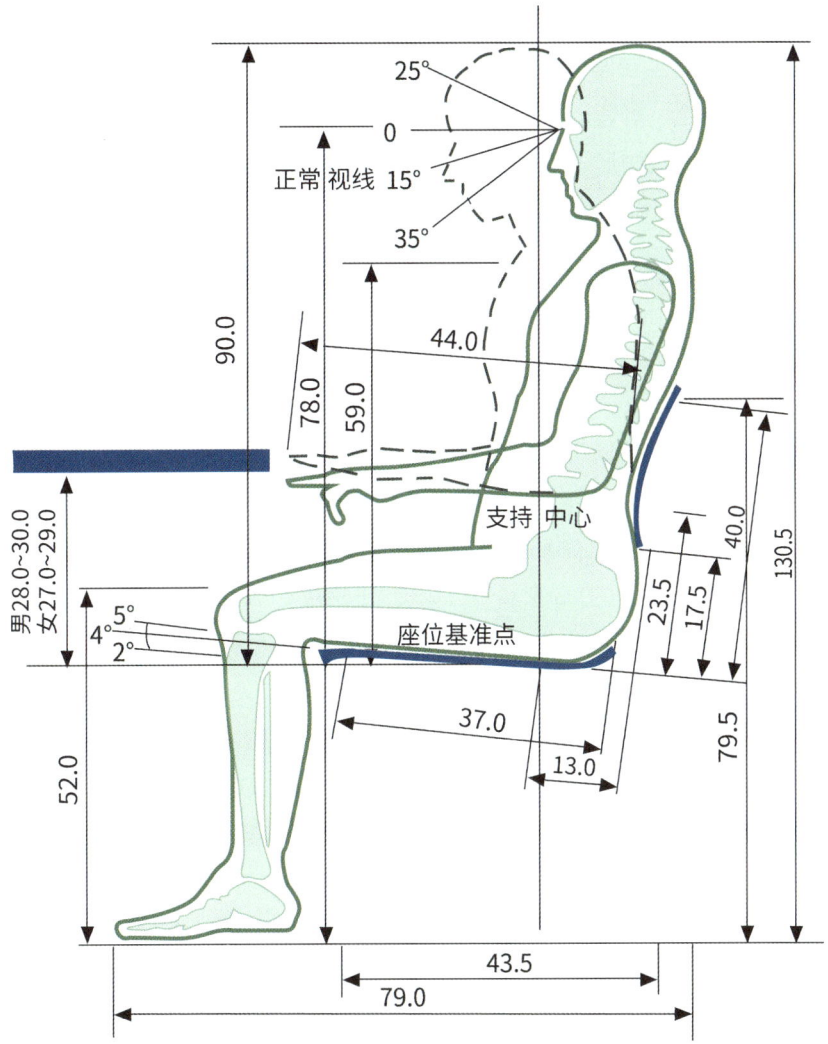

图6-4 办公座椅原型（单位：cm）

在进行工作座椅设计时，要特别注意座面高度、座面宽度、座面深度、靠背倾角、体腿夹角等几何参数的科学设置。工作座椅的设计要点有：

①工作座椅的结构构造必须易于调节，并保证椅子在使用过程中不会改变已调节好的位置并不得松动。

②工作座椅各零部件的外露部分不得有易伤人的尖角锐边，各部结构不得存在可能造成挤压、剪钳伤人的部位。

③工作座椅腰靠结构应具有一定的弹性和足够的刚性。在座椅固定不动的情况下，腰靠承受250N的水平方向作用力时，腰靠倾角不得超过115°。

④工作座椅一般不设扶手。需设扶手的座椅必须保证工作人员作业活动的安全性。

⑤工作座椅的结构材料和装饰材料应耐用、阻燃、无毒。坐垫、腰靠、

扶手的覆盖层应使用柔软、防滑、透气性好、吸汗的不导电材料制作。

⑥无论操作者坐在座椅前部、中部还是往后靠，工作座椅面和腰靠结构均应使其感到安全、舒适。

⑦工作座椅的结构形式应尽可能与坐姿工作的各种操作活动要求相适应，应能使工作者在工作过程中保持身体舒适、稳定，并能进行准确的控制和操作。

6.2.3 国内外标准中对工作座椅尺寸的要求

目前，国内外重要的工作座椅标准有中国的轻工行业标准QB/T 2280—2016《办公家具 办公椅》、美国办公家具国家标准ANSI/BIFMA X5.1-2017《一般用途办公椅实验》(*General-Purpose Office Chairs-Tests*)、欧洲标准BSEN 1335-1：2020《办公家具—办公椅》(*Office furniture-Office work chair*)。从目前海外市场的买家来看，中东和非洲地区认可我国的办公椅标准，澳洲市场参考Bifma X5.1《一般用途办公椅实验》标准。

其中ANSI/BIFMA X5.1-2017《一般用途办公椅实验》对尺寸几乎没有要求，只是在最新版中提到办公椅椅背高度不能够小于200mm。但是美洲客户会自行提供标准，或者对办公椅尺寸的几个重要方面有要求。我国工作座椅轻工行业标准QB/T 2280—2016《办公家具 办公椅》在尺寸要求上的规定，主要有座面高度、座面宽度、座面深度、靠背高度、升降行程、座面倾角、扶手内宽、扶手高度等。欧洲工作座椅标准中第一部分是对办公椅的尺寸要求，按照尺寸要求将办公椅分为A、B、C三个等级，不同等级参数不一样。标准要求按照产品部位，分为座面尺寸要求、靠背尺寸要求、扶手尺寸要求和底架尺寸要求。

下面引入学生设计案例，分析人体工程学在座椅设计中的应用。

1. 设计内容

①座椅造型：造型设计要兼顾美感与实用性，使其适应办公环境的整体风格，同时具备工作座椅的基本结构。

②座椅的尺寸：参考国家标准，针对目标用户进行关键尺寸的选取，并以此为依据设计工作座椅的尺寸。

③可调节功能设计：为满足工作需要，同时增加座椅灵活性，座椅需要进行可多维度调节的设计，如座椅高度可调节以适应不同身高用户需求，确保双脚能平稳着地。

④材料选择：座椅填充物应该舒适且具有足够的支撑性，如高密度泡沫，面料要求透气性好。主体材料应选择有耐用性的材料。

⑤安全性设计：工作座椅需要做到结构可靠，同时避免尖锐造型给用户带来安全隐患，设计时需参考行业相关的安全标准。

⑥功能性和交互设计：可以在功能上进行创新设计，如座椅上的功能按钮和控制杆应该易于操作和调节，为用户提供良好的体验。设计时应考虑人与座椅的交互，使操作简单且符合人体习惯。

⑦色彩设计：考虑色彩对情绪和心理状态的影响，如某些色彩能够增强注意力，而某些色彩则更有利于放松。根据工作环境和需求进行色彩的科学选择，并考虑用户个人喜好，基于多种色彩搭配制定方案。

2. 学生设计实践

（1）WHALEFORM微尔弗办公椅

WHALEFORM办公椅以"鱼"为仿生设计模拟对象，椅背支架以"鲸鱼上扬的鱼尾造型"托起整个椅面，稳定、安全、舒适。椅背两侧向外延伸，贴合人体后背纵横二维曲线，维持脊柱健康形态，科学引导脊椎活动，如图6-5所示。

坐垫、扶手、椅背均是可调节设计，底座下面有两个调节轴，左侧轴上下拨动可以调节高度，高度调节范围为0~12cm；椅背通过右侧轴扭动可向前调10°，向后调70°；扶手前后可调节10cm，贴合手臂自然下垂状态。WHALEFORM办公椅设计的调节空间和移动升降等对应功能可以有效适应工作和休息两种场景。

造型上椅背采用仿生的外观设计，不仅更加贴合脊柱曲线，创新的造型也十分优美。同时尺寸合理，还考虑了材质、色彩等因素，设计全面、可靠。

（2）The Butterfly Chair

The Butterfly Chair是为年轻女性设计的人体工程学办公椅。市面上的办公椅设计造型，色彩大多比较单一，为满足人们个性化的需求，为年轻女性这一消费群体设计了一款适合个人风格的办公椅。它的造型更加曲线化、女性化，功能简捷化，同时保证座椅的舒适性，如图6-6所示。

该座椅从用户角度出发进行设计，外观上简化了一些结构，根据蝴蝶的意象设计了柔和的镂空，丰富了造型变化。颜色上活泼灵动，有多种选择，符合目标用户的特征。

座面的高度和前后位置可以调节，扶手可以拆卸，椅背采用韧性材料，有一定活动空间，保证一定的舒适度。简化的结构更符合年轻女性的使用习惯，是特定用户和场景下的创新办公座椅设计。

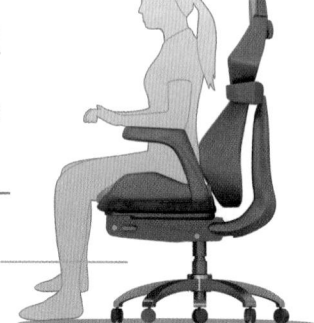

WHALEFORM办公椅设计

设计概念

WHALEFORM办公椅以"鲸鱼"为仿生设计对象,椅背支架以"鲸鱼上扬的鱼尾造型"托起整个椅面,稳定安全舒适。

椅背两侧向外延伸,贴合人体后背纵横二维曲线,维持脊椎健康形态,科学引导脊椎活动。

可调式座椅,座椅底部附带调节托盘,可进行前后移动。

调节模式

底座下面有两个调节轴,左侧轴上下拨动可以调节高度,高度调节范围为0~12cm,右侧轴扭动可调节轴旋转角度,向前可调10°,向后可调70°。

仿生鱼尾椅骨

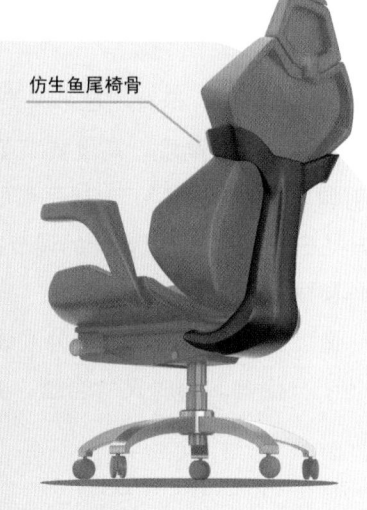

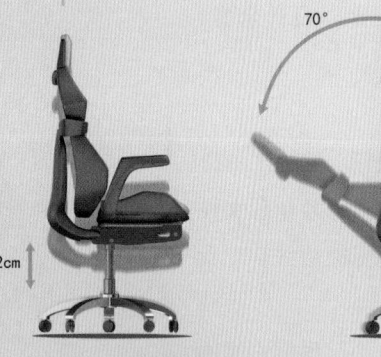
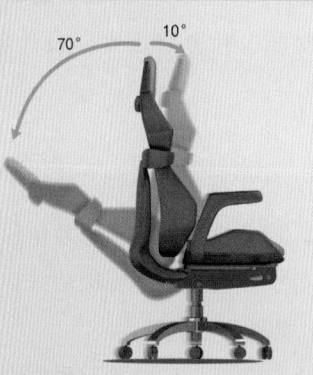

70° 10°

12cm

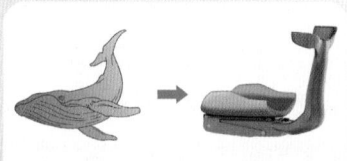

扶手部分

扶手前后可调节10cm,贴合手臂自然下垂趋势。

靠背与坐垫采用全皮质包裹,舒适耐用

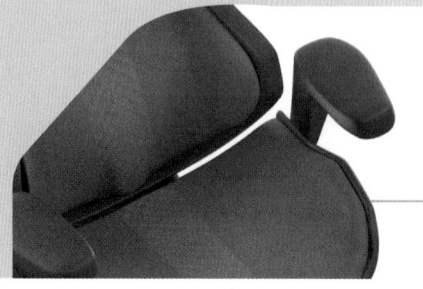
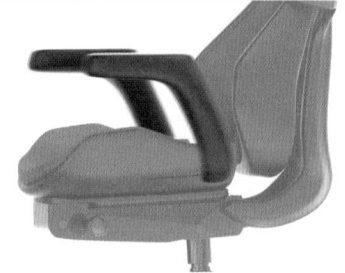

图6-5 WHALEFORM微尔弗办公椅设计(北京理工大学学生马驰设计作品)(单位:mm)

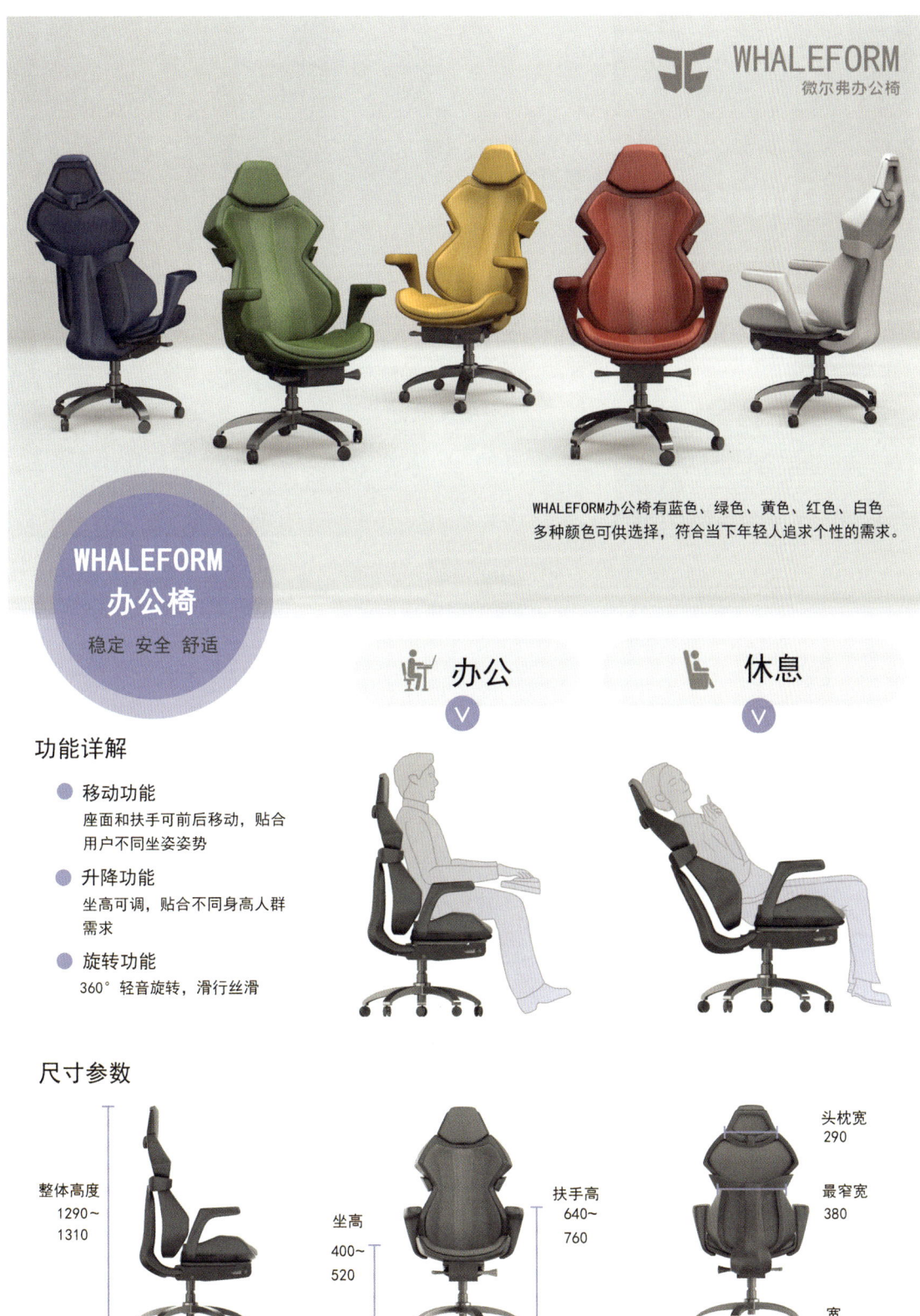

图6-5 WHALEFORM微尔弗办公椅设计（北京理工大学学生马驰设计作品）（续）（单位：mm）

The Butterfly Chair
—— 一款为年轻女性群体设计的人体工学办公椅

设计者：刘蔚琦
指导老师：李光亮 于德华

设计背景与定位

设计背景：
市面上的办公椅设计造型、色彩大多比较单一，越来越不能够满足人们个性化的需求。对于年轻女性这一消费群体来说，很难找到一款适合自己风格的办公椅。

设计定位：
人群定位：15~35岁之间的年轻女性群体。
使用环境：宿舍、书房、办公室等。
创新点：1. 造型更加曲线化、女性化。
2. 色彩更加鲜亮、明快、充满活力。
3. 功能简捷化的同时保证座椅的舒适性。

草图演变

The bionic butterfly

效果图

三视图与尺寸

图6-6　The Butterfly Chair办公椅设计（北京理工大学学生刘蔚琦设计作品）

产品爆炸图

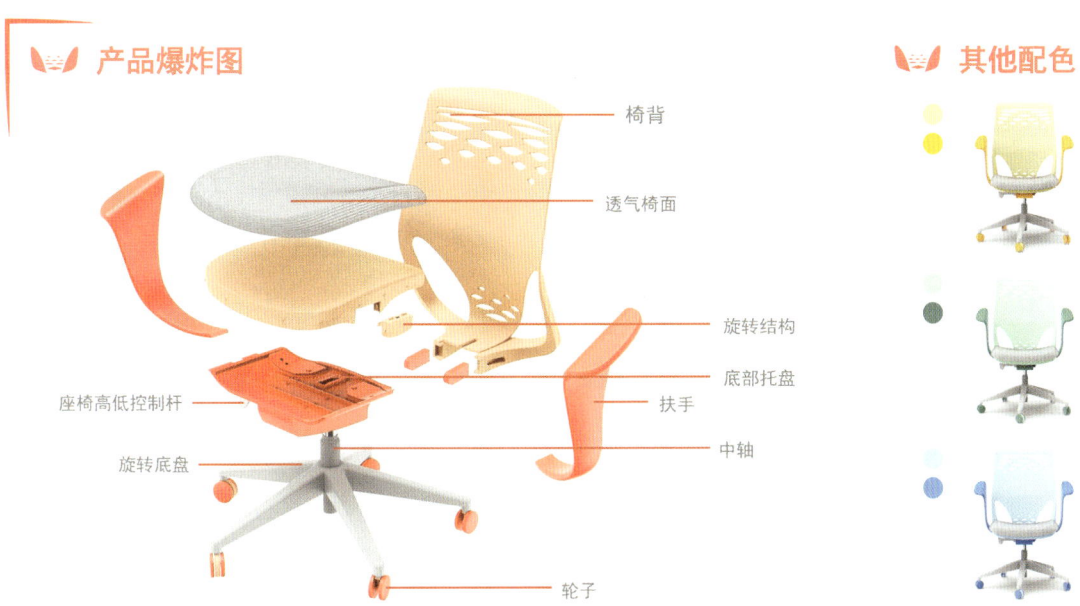

其他配色

细节展示

场景渲染图

图6-6 The Butterfly Chair办公椅设计（北京理工大学学生刘蔚琦设计作品）（续）

本章小结

工作座椅设计是人体工程学中的重要领域,本章深入探讨了座椅设计的多个方面。我们学习了座椅的设计历史和分类,了解了座椅设计对人体健康和工作效率的重要性。探讨了不同类型座椅的设计原则,并结合实践案例展示了人体工程学座椅设计的具体应用。通过本章的学习,读者可以更深入地理解工作座椅设计与舒适度、健康和工作效率的关联,为未来的设计实践提供有价值的指导。

课后练习

1. 座椅设计参考的人体关键尺寸有哪些?
2. 查阅资料,选择一款喜欢的坐具,探究其背后的故事并制作PPT,与同学、老师一起分享。
3. 选择一个工作座椅,分析其设计中应用的人体工程学原理,并提出改进建议。
4. 设计一款工作座椅,与同学、老师交流设计方案,分享设计心得。
5. 探讨工作座椅设计对员工工作效率和健康的影响,提出至少三点用于改善工作座椅设计的建议。

第7章 汽车设计与人体工程学

识读难度：★★★★★
重点概念：汽车设计、内饰设计、设计形式

> **章节导读**
> 汽车设计与人体工程学的交叉领域旨在通过深入理解人体结构和行为，优化汽车的设计，以提高驾驶员和乘客的舒适性、安全性和便利性。在这个引人入胜的领域中，设计师和工程师必须深刻理解人体的生理和心理需求，将这些理念融入汽车设计的方方面面。

7.1 商用车外观人体工程学

商用车外观人体工程学是一门专注于研究商用车辆外部结构、造型设计，以及与使用者之间交互关系的跨领域学科。它结合了人体工程学和车辆设计原则，旨在创造既符合人体工程学原理，又符合用户需求的商用车外观设计，为用户提供更好的乘驾体验。通过深入研究和综合运用设计学、心理学、工程学、人体生物力学、劳动心理学、运动学、人机交互等多学科知识，最大程度地提高商用车辆的可用性、安全性、舒适性、使用效率和用户主观满意度。

在研究此学科时应考虑诸多方面，包括前照灯、雾灯、示廓灯等车灯设计，以及驾驶室、后视镜、车窗、中网、前保险杠、翼子板、上车踏板、挡泥板等的设计。

7.1.1 商用车前风窗清洁方便性

商用车作业环境分析涉及多个方面,包括工作场景、使用条件、运输任务等。商用车前风窗清洁的重要性源于这类机械在作业时会遇到各种恶劣环境因素。除高速公路、城市道路以外,大量的重型商用车常在矿山、建筑工地、田间、高海拔地区、雨林地区、油田和天然气开采现场等环境作业,在执行运输、清洁等任务时,可能面临尘土、大雪、冰雹、泥沙等特殊状况。虽然车辆配有雨刮器,但是遇到恶劣环境时需保证人员可以人为对前风窗阻碍物进行及时有效的清理,以保证驾驶车辆正常行驶,有效作业。

前风窗理论刮扫区模块参考GB 11555—2009《汽车风窗玻璃除霜和除雾系统的性能和试验方法》和GB 15085—2013《汽车风窗玻璃刮水器和洗涤器性能要求和试验方法》中规定的风窗玻璃刮水器刮刷面积。如图7-1所示,风窗玻璃刮水器刮刷面积应该至少覆盖A区的98%和B区的80%。

有效完成前风窗清洁任务需考虑前面板多级踏板以及多级扶手的设计。踏板表面应设计成防滑结构,采用防滑材料,以防止驾驶员在清理过程中因路面湿滑或结冰而滑倒,确保操作安全。踏板和扶手的位置和高度应符合人体工程学原理,确保驾驶员能够舒适站立或倚靠,并自如地操作清洁模块。这需要对前面板、中网、前保险杠等结构进行适当调整,包括前风窗扶手和踏板的高度、宽度等硬点位置的合理布置(表7-1),如图7-2所示,黄色位置是踏板,蓝色位置是把手,多级设计利于工作人员清洁风窗。

除此之外,扶手的设计要考虑到在清洁过程中,驾驶员的手部和身体能够得到适当的防护,避免因为清洁模块喷水等操作而引起不适或风险。如果

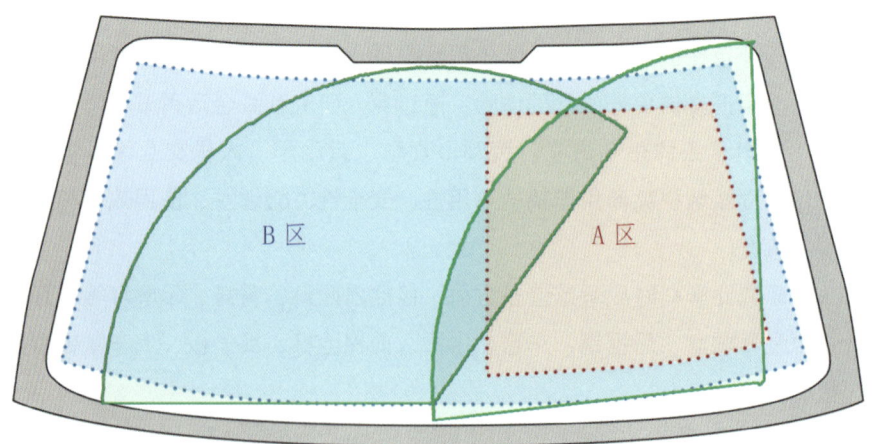

图7-1 风窗刮水器刮刷面积

表7-1 前风窗清洁模块硬点尺寸表 单位：mm

项目	一级踏板	二级踏板	一级扶手	一级扶手间距	二级扶手	二级扶手间距
高度	600	1200	1510	—	2072	—
宽度	1019	1406	—	720	—	600

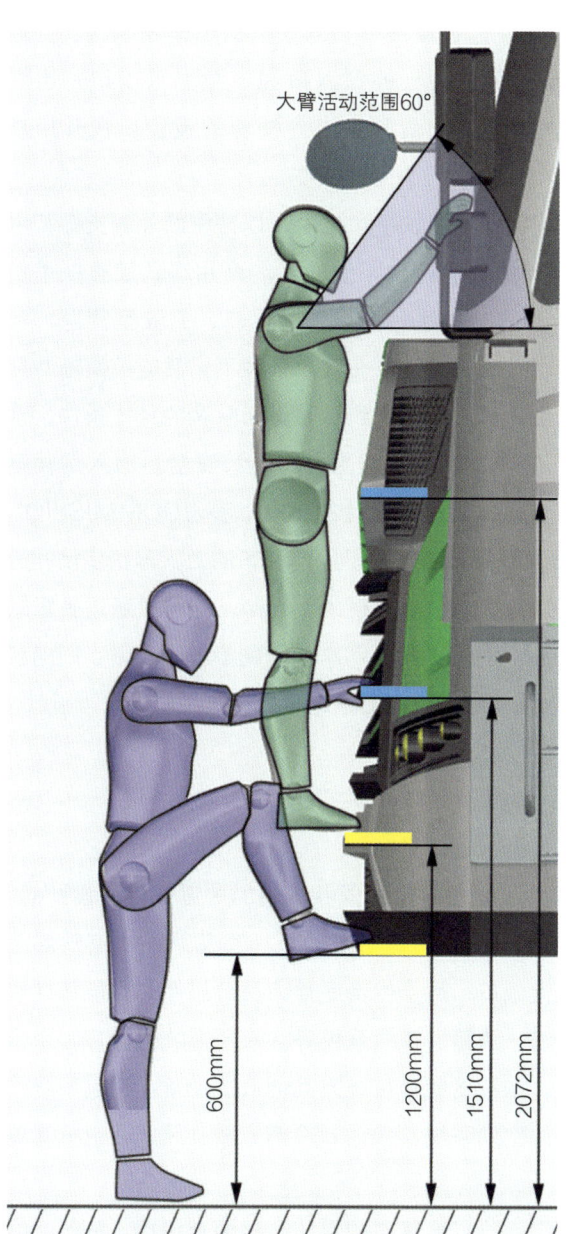

图7-2 某商用车前风窗清洁人机尺寸示意图

在紧急情况下需要驾驶员迅速离开车辆，踏板和扶手的设计应该不影响驾驶员的快速逃离，并确保清洁模块的控制在需要时能够迅速关闭。

7.1.2　商用车驾驶室出入方便性

商用车辆使用广泛，从货运到公共交通，其驾驶员需要频繁进出驾驶室。因此，驾驶室的上下车方便性直接关系到驾驶员的工作效率、安全性和舒适感。通过对商用车辆驾驶室设计的深入研究，我们可以识别出潜在的改进点，从人体工程学出发优化驾驶室出入模块的设计，提升用户体验。

第一，在驾驶室入口处设置合适的扶手和把手，以提供额外的支撑和平衡，特别是对于那些由于生理原因而行动不便的人。商用车驾驶室扶手包括拉杆式把手、隐形把手、折叠式把手、手柄等。第二，驾驶室侧面，包括踏板框，应提供足够的照明，确保驾驶员在低光条件下仍然能够清晰看到踏步和入口，减少意外的发生。第三，考虑到驾驶员和乘客的身体条件，确保踏步的高度和深度适中，使得上下车过程更为舒适和安全。出入驾驶室的便利性直接受到上下车踏步人体工程学设计的影响。参考COMMISSION REGULATION（EU）No 130/2012，对某种矿用自卸车的上下车踏步尺寸进行详细分析，黄色部分为三级踏板，扶手直径为30mm，驾驶员通过多级踏板和扶手进入驾驶室（图7-3）。对某矿用自卸车多级踏步进行测量，归纳整理所得数据如表7-2所示，以此为参考进行上下踏步人体工程学的合理设计。

7.1.3　商用车维修及检修口开合方便性

商用车的检修口通常是为了方便维修和保养车辆的关键部位而设计的。引擎检修口用于维修引擎和相关组件，包括发动机、冷却系统、空气滤清器、液压系统等。车辆底盘检修口，用于检修底盘和底部组件，可能包括底盘构件、悬挂系统、传动系统、油箱、排气系统等。液压系统检修口，用于维护和检修车辆的液压系统，如液压制动系统或其他液压设备。空调系统检修口，用于维护和检修车辆的空调系统，包括制冷剂充放、风扇、空气滤清器等。

检修口的具体形式因车型而异。检修口的具体布置要求包括：第一，维修口应设计成易于清理的形式，以防止灰尘和杂物积聚，影响维修工作的进行；第二，维修口周围应提供足够的灯光和照明，以确保在低光条件下维修人员能够清晰地看到工作区域；第三，维修口的开合设计应考虑到可能的遮

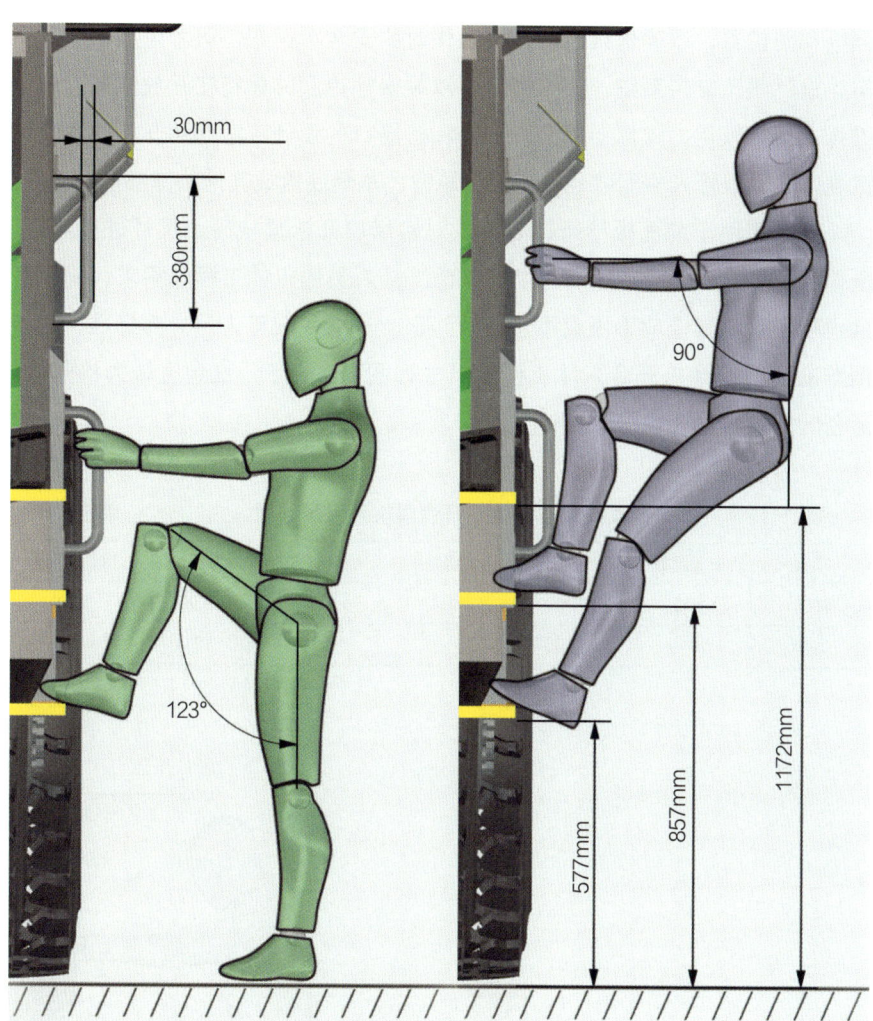

图7-3 某矿用自卸车上下车人体工程学尺寸示意图

表7-2　　　　　某矿用自卸车上下踏步尺寸表　　　　　单位：mm

序号	检查项	欧标-EU No130/2012	某矿用自卸车
1	一级踏步离地高度	A≤600	577
2	一、二级踏步间垂直距离	B1≤400	279
3	二、三级踏步间垂直距离	B2≤400	316
4	两相邻踏步间垂直距离的变化值	|B1-B2|≤400	37
5	三级踏步到地板的垂直距离	c≤400	345
6	一、二级踏步间横向偏移量	H≥0	74
7	二、三级踏步间横向偏移量	H≥0	0
8	一级踏步最大深度	E≥150	174
9	二级踏步最大深度	E≥150	150
10	三级踏步最大深度	E≥150	150
11	一级踏步宽度	G≥200	338
12	二级踏步宽度	F≥300	482
13	三级踏步宽度	F≥300	482

挡板和防护罩，以确保维修人员在操作时的安全；第四，可考虑如一些商用车，设计气压支持系统，使维修口可以轻松地抬起并保持在开放位置，无需维修人员持续用力支撑；第五，维修和检修口的设计应考虑到开口的角度和宽度，确保维修人员能够轻松访问引擎室、车辆底盘或其他关键部位。

以某商用车前面板检修口为例，对检修口开合模块硬点尺寸进行测量，所得数据如表7-3所示。设计中要考虑维修人员的人体工程学需求，确保开合过程不会对其造成不便或不适。以1750mm身高成年人尺寸为标准，某商用车前面板检修口开合人体工程学尺寸如图7-4所示，红色区域为检修口，蓝色区域为一、二级扶手。

表7-3　　某商用车检修口开合模块硬点尺寸表　　单位：mm

项目	一级踏板	一级扶手	二级扶手	检修口底端	检修口顶端	检修口开关
高度	600	1200	1847	1876	2289	1168
宽度	1019	1406	—	711	1011	132

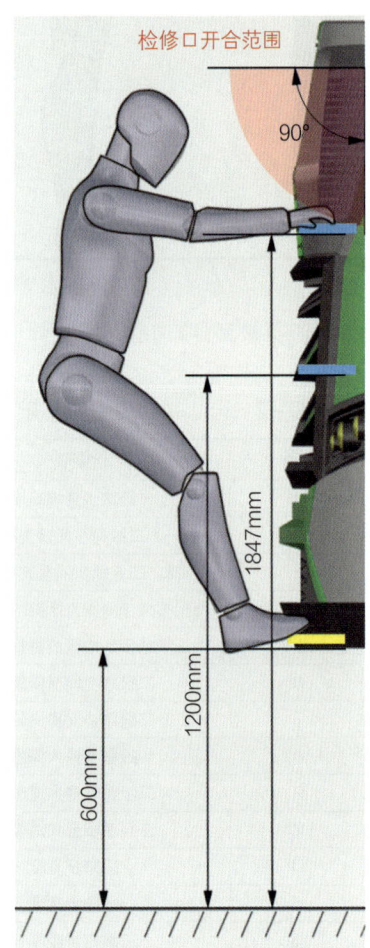

图7-4　某商用车前面板检修口开合人体工程学尺寸示意图

7.1.4 视野校核

1. 直接视野校核

商用车的直接视野校核是为了确保驾驶员在驾驶车辆时有良好的视野，以提高行驶的安全性。这一过程通常会考虑车辆设计各方面的因素，包括车窗、后视镜等。

商用车座椅设计、空间布局及人机交互的核心参考点为H点，全称为髋点（Hip Point），指驾驶员或乘客的髋关节在座椅上的理论位置。对重型商用车来说，影响驾驶员直接视野的主要为H30（即驾驶员坐姿的H点和踵点的垂直距离）、仪表板形面、方向盘的上沿、风窗黑带上沿或遮阳罩下沿（用于上视野）。

2. 间接视野校核

间接视野校核则更关注通过辅助设备和技术提供的视野，以帮助驾驶员在特殊情况下更全面地感知周围环境，包括倒车摄像头、盲点监测系统、车道保持辅助系统等，以及与这些系统相关的传感器和显示屏。具体来说是通过侧后视镜、死角镜、下视镜、全景镜、前下视镜等间接视野装置获得相应的视野范围。例如，对于配备死角镜的车辆，确保这些镜子的设计和安装能够减小车辆侧后方的死角区域；对于使用全景镜的车辆，验证其位置和效果，确保提供更广泛的视野；对于配备倒车系统的车辆，验证倒车摄像头或传感器的位置和性能，确保在倒车时提供清晰的后方视野等。

3. 前方上视野

商用车前方上视野指的是驾驶员坐在驾驶座椅上，通过前挡风玻璃或车辆的前部观察道路和周围环境时，能够清晰看到的前方上方的区域。这一定义强调了驾驶员在正常驾驶情况下，特别是在前方道路上行驶时，对车辆前方上方视野的要求。

这个概念的提出是为了确保前挡风玻璃的设计和车辆的整体结构设计能够提供良好的上方视野，使驾驶员能够有效地感知前方的道路、上方的天空以及可能的障碍物，有助于驾驶员更全面地了解周围环境，提高行车的安全性和舒适性。影响前方直接视野的因素主要包括前挡风玻璃上下横梁和仪表板。前挡风玻璃越大、隆起角度越大，驾驶员的前方视野就越广阔。

当车在交通路口的停车线内时，驾驶员以正常驾驶姿势能看到车前方12m处高5m的交通灯和其他交通标志，并且在遮阳板落下后上视角应在0~5°。如图7-5所示，在*SAE J1100-2001：Motor Vehicle Dimensions*标准中规定了硬点A60-1，用来衡量驾驶员前方上视野的大小，其确切含义为：驾驶员中心Y平面内，同时与眼椭球上边缘和前风窗上边缘相切的切线与水平线的夹角,即上视角应在0~5°。

4. 前方下视野

在设计中,要求车头前地面上的盲区不能太大,特别是对于车身底板较高的车辆,如大型客车和重型货车。这些车辆由于轮胎半径和最小离地间隙较大,导致车身底板相对较高,因此前方下视野变得尤为关键。在左置方向盘的货车中,前方下视野的设计应符合图7-6中规定的尺寸标准。图7-6中,阴影区域左下方的窄条表示由于驾驶室A柱的遮挡而引起的视线盲区,其宽度要求小于0.6m。

具体而言,地面上的前视野水平范围应该大于180°,以驾驶员座椅中心线为起点,向左和向右的视野均应超过90°。对于长头车,纵向对称面处的前视距离要求小于6m;而对于平头车,这一距离则要求小于4m。

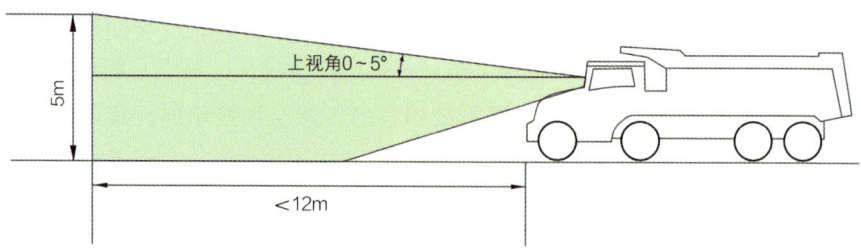

图7-5 驾驶员前方上视野范围图

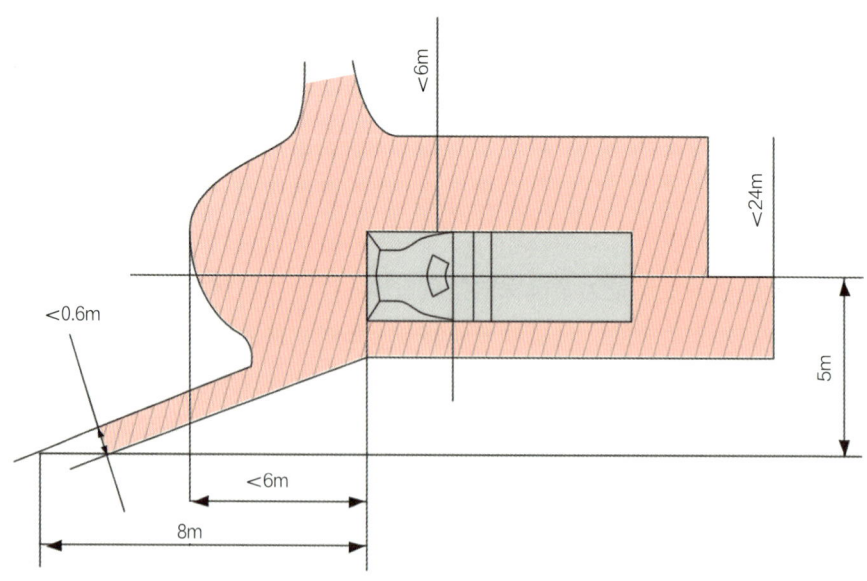

图7-6 左置方向盘货车前方下视野尺寸要求

7.2 汽车内饰设计

汽车内饰与人体工程学之间的关系紧密而重要，主要体现在如何通过设计优化汽车内部整体空间布局和乘坐体验，以适应人体的尺寸、动作和互动方式，提高驾驶员的舒适性、安全性和操作便利性。例如，座椅设计强调适当的支撑、调节灵活和舒适贴合，以减少长时间驾驶或乘坐带来的疲劳和不适；仪表板和控制系统的布局注重易于读取和触达，减少驾驶员的注意力分散和操作难度；内饰材料的选择旨在提供舒适的触感和良好的耐用性；内饰色彩和照明设计考虑对驾驶员的情绪和视觉舒适度的影响。总的来说，汽车内饰的人体工程学设计是为了提升整体的驾驶体验，确保既舒适又安全。在本章中，我们将探讨汽车内饰设计中人体工程学的关键要素，包括汽车内饰材料选择、内饰空间布局与人体工程学、汽车座椅人体工程学设计等。

7.2.1 汽车内饰材料选择

汽车内饰件一般是指仪表板总成、座椅及扶手、车门内板、地毯和顶棚等零部件。汽车作为一个可移动的生活与办公的环境空间，其内饰空间的功能与布局越来越复杂，内饰件的品种也越来越多，如安全气囊等安全系统、视听设备系统、空调系统、照明系统以及导航系统等各种高科技装备。因此，现代汽车内饰已经是一个较为宽泛模糊的概念，是对汽车内部各零部件、装备和材料的统称。

1. 汽车内饰面材料选择

汽车内饰面材料主要有纤维材料、皮革、木材及再生纤维毛毡等，如表7-4所示。这些材料因其优异的外观效果、触感体验及性能，被广泛应用于汽车内饰的各个部位。其中，纤维材料包括机织面料、非织造面料等，具有柔软性、透气性和耐磨性，常用于座椅、车门、窗帘和地毯等部位；皮革材料分为天然皮革和合成皮革，凭借其高档质感和耐用性，广泛用于座椅、方向盘及车门饰板等区域；木材通过精加工后主要用于仪表板、中控台、变速杆头及门扶手等部位，提升车辆的豪华感和档次；再生纤维毛毡则以其环保性和多功能性，常用于仪表板护板、顶棚衬里及行李箱内衬等区域，兼具吸声与隔热功能。每一部分材料的选择都需要充分考虑汽车内饰设计过程中的人机要求。

表7-4　　汽车内饰面材料类型及主要用途

材料类型	主要用途
机织面料	座椅、车门和窗帘
经编面料	车门、车顶、中柱和窗帘
割绒面料	座椅、车门
纬编提花面料	座椅、车门
非织造面料	地毯、车顶、中柱和行李箱，前挡板的上部、中部及左右两侧
再生纤维毛毡	仪表板的左右两侧及右下护板、变速杆顶部、顶棚、后围和行李箱
汽车用皮革	座椅、车门和方向盘
汽车用木材	镶嵌在仪表板、中控板（副仪表板）、变速杆头、门扶手和方向盘等地方

2. 汽车内饰件骨架材料选择

汽车内饰件骨架材料主要有金属材料、高分子材料及各种复合材料等，如表7-5所示。与面饰材料不同，内饰件骨架材料的作用主要是较好地实现安全功能。如内饰件中最大的部件是仪表板总成，仪表板的组成材料特别是其骨架材料对于驾驶员安全、方便地操作各种控件尤为重要；而座椅的骨架材料除传统的金属材料外，也可采用长玻纤增强聚丙烯材料，以减轻质量和降低成本。车门内板的基材多为硬壳类，如木质系、塑料系。

汽车内饰件设计过程中，每种材料的选择都需充分考虑功能性与安全性，以达到汽车内饰人体工程学要求。目前，世界各大汽车制造商都将汽车内饰与人体工程学相关的研究提高到了与汽车性能等同的地位。

表7-5　　汽车内饰件骨架材料及主要用途

材料	零部件名称
聚丙烯（PP）	方向盘、杂物箱、仪表板下杂物盒、除霜器、防滑板、手操纵杆、主柱装饰和仪表板芯
丙烯酯—乙烯橡胶—苯乙烯（ABS）	仪表板衬、仪表板、前主柱装饰和控制台
聚氯乙烯（PVC）	仪表外壳、座椅扶手、车门和成型顶棚衬里
酚醛（PE）	烟灰缸
聚酰胺（PA）	百叶窗、刮水器齿轮和熔丝盒

7.2.2 内饰空间布局与人体工程学

驾驶是一项需要精力高度集中的复杂任务，驾驶行为包括规划、决策以及过程控制等3个阶段的任务层次，以及约1600项独立任务层次。这些任务中有效控制车辆、保证驾驶员行车的安全才是关键，而人车之间的各种复杂信号的交互过程正是造成驾驶安全问题的主要原因之一。因此通过测量人体尺寸相关数据，从人体工程学的角度去设计并优化汽车的内饰空间布局以及功能结构具有非常重要的意义。

1. 汽车内饰整体空间布局

要达到汽车人体工程学设计的合理性，就必须认真考虑人的体型和身体尺寸，让人在驾驶和乘坐的时候感到舒适和方便。汽车内饰空间布局中，应确保座位、方向盘、踏板和控制面板的调节范围可以适应不同身高和体重的用户。所有控制器件，如空调控制、多媒体系统等，应易于理解和使用，标识清晰，操作逻辑符合一般用户的直觉，减少驾驶时的注意力分散。座椅设计应考虑到长时间驾驶的舒适性，支撑良好，减少用户的疲劳。内饰材料应选择对人体无害、无异味且易于清洁的材料。同时，布局应确保所有安全设备如安全带、气囊等能够有效工作。充分利用车内空间，提供足够的储物空间和人员活动空间。合理布局可以减少车内杂物的堆积，增加驾驶时的舒适度和安全性。图7-7、表7-6展示了驾驶员在汽车内饰空间中最大可活动角度，以及人体舒适角度或尺寸，其中R点为座椅设计的参考基准点，为人体髋关节在座椅上的位置。重要的信息显示如速度表、导航、燃油指示，应位于容易查看的位置，以减少驾驶员查看这些信息时的视线移动距离，避免分散注意力。

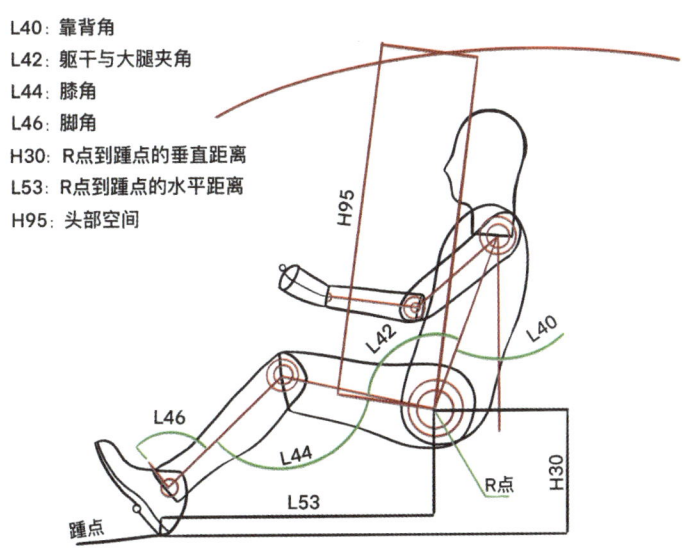

图7-7 汽车内饰空间中驾驶员最大可活动角度示意图

表7-6　　　　　　　　　　汽车内饰空间人体舒适角度或尺寸

尺寸代码	尺寸名称	单位	舒适参考范围
L40	靠背角	度	20~30
L42	躯干与大腿夹角	度	95~110
L44	膝角	度	100~140
L46	脚角	度	90~120
H30	R点到踵点的垂直距离	mm	250~400
L53	R点到踵点的水平距离	mm	—
H95	头部空间	mm	根据车型和造型而定

2. 汽车中控系统布局设计

汽车中控系统是汽车内部的核心控制和交互平台，是车辆信息传递、功能控制，以及和用户交互的中心，涵盖娱乐、导航、安全、环境控制等多个方面，体现了汽车电子化、智能化的发展趋势。汽车中控系统通过整合多种功能模块和技术，为驾驶员和乘客提供操作便利性和舒适体验，保证其布局规划对驾驶员行为的影响最低化。市场现有汽车中控布局设计主要包括以下要点：

（1）安全性。任何产品设计首先考虑的因素就是产品的安全性，尤其是汽车这种操作难度较高的大型智能化产品。不同行业领域对于安全性的定义有所差异，对于汽车设计中的质量相关要素，国家设有相对应的安全标准，设计师应该尽量做到高于标准要求，从而保障驾驶员和乘客的安全。驾驶室中控布局的安全性主要与行车操作效率、信息搜索效率和信息反馈效率有关，因此在汽车设计过程中需要重点考察中控布局是否满足人体工程学的要求，是否对驾驶员和驾驶过程中的行车操作效率、信息搜索效率以及信息反馈效率等产生正向的影响。

（2）舒适性对人因操作相对复杂的汽车而言，汽车驾驶的舒适性也会影响用户对汽车体验的判断。合格的汽车中控设计应该满足绝大多数人的需求，相关的人因要素会受到人体工程学的影响。除此之外，对于驾驶员与乘客而言，车内空间设计也影响着驾驶和乘坐过程中的舒适性，足够的空间位置能够很好地帮助驾驶员处于轻松的驾驶状态，因此，在设计过程中应充分考虑驾驶员在汽车空间内部的活动范围，从而确保汽车中控布局具备良好的可操作性（图7-8）。

（3）美观性。美观性因素在汽车内饰中主要涉及造型、色彩、材质等。市场调研结果显示，汽车中控台造型设计主要分为两种风格，一种是与汽车结合为一体的一体式设计风格，另外一种是脱离汽车整体的分离式设计风格，两种风格为驾驶员在行驶过程中所带来的交互体验完全不同。在色彩方

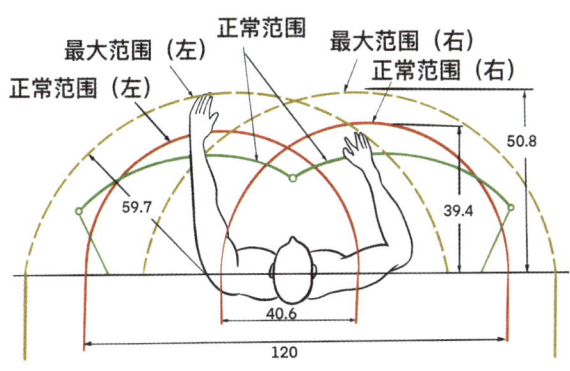

图7-8 仪表台前驾驶员可活动范围

面,中控台在设计上需要秉承统一色配合设计的原则,即大面积的主饰色调再加上小面积的辅色调,旨在排除色彩对驾驶员在操控仪表台时可能造成的影响,以及充分利用色彩符号辅助驾驶员高效地完成驾驶任务。

7.2.3 汽车座椅人体工程学设计

1. 人体坐姿生理特性分析

(1) 坐姿时脊柱的形态。在坐姿状态下,支撑人体的主要结构是脊柱、骨盆、腿和脚等。脊柱位于人体背部中线处,是构成人体的中轴。坐姿不同,脊柱形态也不同,只有座椅的结构和尺寸设计合理,才会使驾驶员的脊柱形态接近于正常自然状态,减少腰椎的负荷以及腰背部肌肉的负荷,防止驾驶疲劳发生。

(2) 坐姿体压分布。人体与座椅之间的压力分布称为坐姿的体压分布,它是影响坐姿舒适性的重要因素。人处于坐姿时,身体重量的大部分(约75%)经过臀部、背部隆起部分及其附着的肌肉压于座椅上,而臀部其他部分受到的体重压力不大。座椅各部分的受力分布示意如图7-9所示。

2. 座椅的人体工程学要求

人体尺寸包括两种类型,分别是静态的结构尺寸和动态的功能尺寸。静态的结构尺寸包括人的手臂、腿长、眼高等具体的身体数据,和汽车驾驶室内的各种部件关系密切,比如座椅、方向盘等,是进行汽车设计的重要参考数据;动态的功能尺寸,是人驾驶或乘坐时的手脚等肢体活动的空间范围。动态的功能尺寸数据需要在活动的状态下测量得到,需要关节的活动范围和肢体长度形成的空间尺寸,如图7-10所示。结合不同的设计对象,根据其所进行的操作和使用情况的不同选择不同的人体尺寸百分位数值。结合不同情况下人体尺寸数据的差异,从人体工程学理论出发,设计一个性能优良的座椅应当符合以下基本要求:

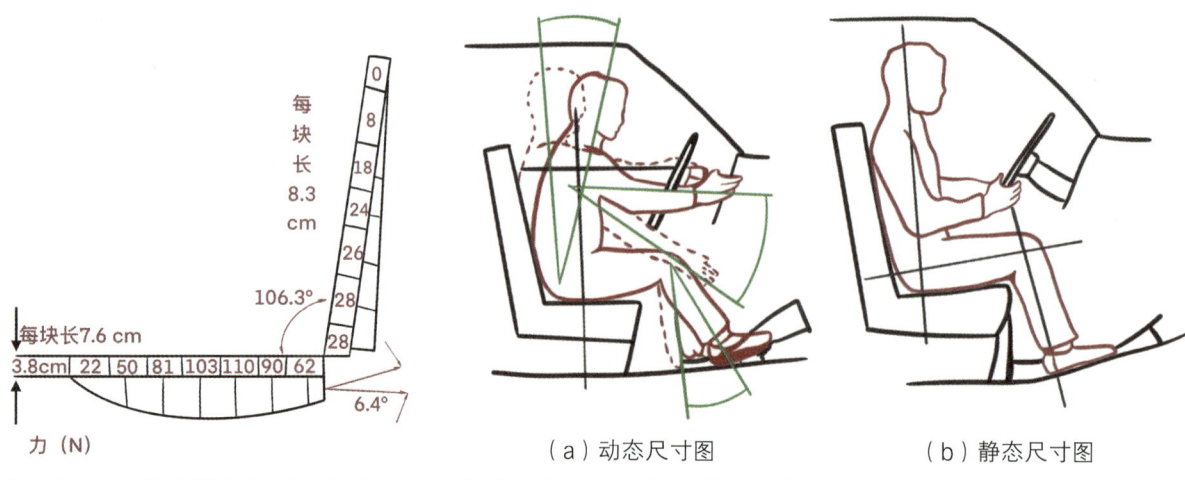

图7-9 座椅各部分受力分布示意图　　图7-10 动态/静态汽车座椅人体尺寸图

（1）为驾驶员提供一个舒适而稳定的坐姿，符合人体在不同驾驶情况下的舒适坐姿的生理需求。

（2）减轻传给驾驶员身体的机械振动和冲击负荷，满足振动舒适性评价标准的要求。

（3）将驾驶员置于良好视野的位置，保证他能安全而有效地完成各项操纵作业。

（4）为驾驶员提供一个面向各种操纵结构的合适位置，使他能方便地进行操作。

具体座椅设计过程中则可以通过构建人体模型来计算最符合人体工程学的人体关节角度，人体模型中的H点是与操作方便性及坐姿舒适性相关的车内尺寸的基准点。驾驶员以正常姿势入座后，其体重的大部分通过臀部由座椅和坐垫来支撑，一部分通过背部和腰部由靠背来支撑，另一部分通过左右手作用于方向盘。在这种特定的约束坐姿下，驾驶员在操作时身躯上部的活动必然是绕通过实际H点的横向水平轴线转动。人体工程学专家的多方面研究表明，为了减轻驾驶员驾驶时的疲劳，驾驶员身体各部分之间的夹角应当保持在某一合理的范围之内，这些角度称为舒适角（图7-11）。

H点分布区域的约束条件有以下几方面：

①下肢舒适性约束：以驾驶员下肢的关节角度的舒适性作为约束来计算H点分布区域。

②上肢舒适性约束：以驾驶员上肢的关节角度的舒适性作为约束来计算H点分布区域。

③视野约束：以保证驾驶员视野舒适性为约束条件计算H点分布区域。

根据人体关节与驾驶室之间的几何关系，推导出舒适角计算公式，以在

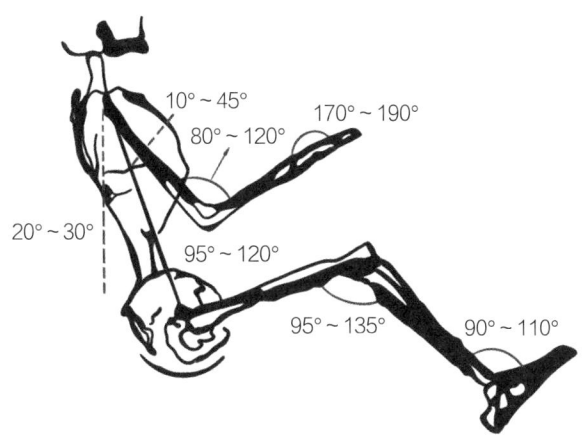

图7-11 驾驶员关节舒适角

舒适角范围内方向盘与身体不发生干涉为约束条件，确定合理的跨点高度、座椅水平调节量、靠背椅调节范围和方向盘位置及倾角，然后利用计算结果绘制驾驶员上下视野极限，进行校正，找到合适点，如图7-12所示。

3. 以叉车座椅为例的人体工程学设计

（1）座椅静态舒适性设计

座椅的设计需考虑的因素很多，基本原则可以概括如下：

①座椅的尺寸应与使用者的人体尺寸相适应，把人体尺寸测量数据作为确定座椅设计参数的重要依据。

②座椅设计应符合人体生物力学原理。

③座椅的位置要与其作业空间相协调，便于人员作业。

（2）座椅尺寸设计

座椅尺寸设计主要参数包括：座高、座宽、座深、椅面倾角，靠背的高度、宽度和倾角。座高指地面至座面上坐骨支撑处的高度。椅面过高会使大腿肌肉受压，椅面过低就会增加背部肌肉负荷。

①座高。驾驶座椅的座高常以如下计算式为基础进行设计：

椅面高度=（人体尺寸"小腿高加足高"+穿鞋修正量）×$\sin y$

式中y是指小腿与水平地面间的夹角。当小腿垂直于地面时，$y=90°$，此时$\sin 90°=1$，公式计算的是小腿加足的实际高度。如果小腿向前或向后倾斜，$\sin y$会调整椅面高度的计算结果（图7-13）。通常以男性小腿加足高尺寸的第95百分位数值进行椅面高度设计；按我国人体尺寸，椅面高度可取380~450mm，座椅设计成可调结构，以适应不同身材驾驶员的需要，椅面高度的调节范围为240~300mm。

②座宽。参考尺寸是臀宽，以女性群体尺寸上限为设计依据。为使驾驶员能调整坐姿，座宽应适当大于臀宽。座宽也不能太大，否则肘部必须向两侧伸展以寻求支撑，这样会引起肩部疲劳。通常以臀宽尺寸的第95百分位数

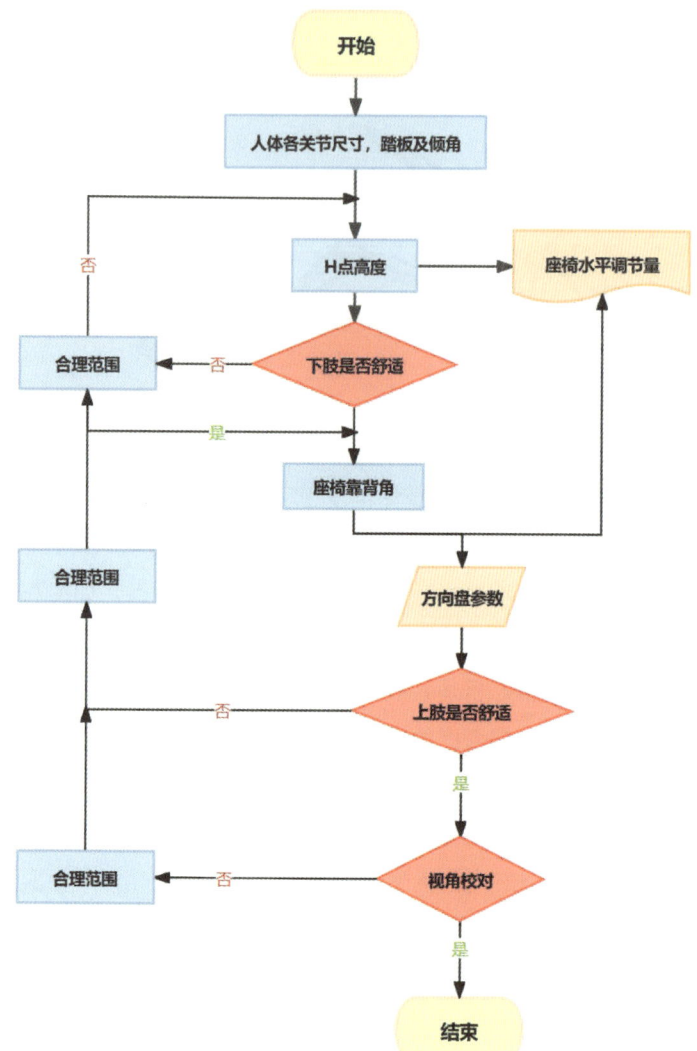

图7-12 座椅布置设计流程图

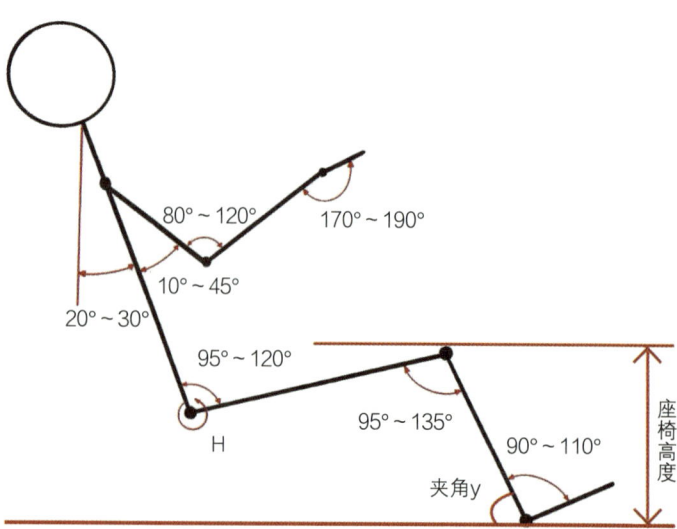

图7-13 座椅高度计算示意图

值进行设计，以满足最宽人体的需要，一般可取360～500mm。

③座深。指椅面前后的水平距离。其尺寸应满足：腰部得到靠背的支撑，椅面前缘与小腿之间留有适当距离，以保证大腿肌肉不受挤压，腿弯部分不受阻碍。通常以男性座深的第90百分位数值作为参考进行设计。座深通常可取350～400mm。座面要平滑平整，前缘不应有棱角，最好有与臀部形态相适应的凹槽，而且一般都要加弹性坐垫。

④椅面倾角。指椅面与水平面间的夹角。主要考虑的是使椅面前缘向后倾，以防止人体臀部向前滑动。此角不易过大，否则会增加大腿下平面与座椅前缘之间的压力，阻碍血液循环，引起身心疲劳。一般设计成3°～4°。

⑤靠背高度及宽度。靠背的作用是保持脊柱处于自然形态的轻松姿势。靠背设计重点在腰部，即距座面230～260mm。这样靠背既能适当地支撑腰部，又能使腰部自由转动。腰靠宽度一般取300～400mm。

⑥靠背倾角。指靠背与椅面水平面之间的夹角。从保持脊柱的正常自然形态和增加舒适感角度考虑，该角为110°较为合适。

通过以上座椅尺寸参数的确定，保证驾驶员人体脊柱曲线更接近于正常生理脊柱曲线。

7.3 汽车仪表板与座椅设计

在现代汽车设计领域内，汽车仪表板的设计着重于提升驾驶员的舒适性与操作直观性，通过符合人体工程学的布局、清晰的显示屏、易在驾驶中直观读取的仪表和布局合理的控制按钮，确保安全有效的驾驶体验；汽车座椅的设计旨在营造一种既满足人体工程学要求，又优化驾驶体验的操作环境。这样的设计考虑能够提升驾驶员的操作效率，降低安全风险，从而有效减少交通事故的发生概率。

7.3.1 汽车仪表板设计基础

汽车座舱的核心是仪表板，它综合了仪表、控制开关、多媒体控制区、空调系统和安全气囊等重要功能部件（图7-14）。仪表板不仅仅是汽车行驶状况的反映，更是决定驾驶体验和感受的关键。

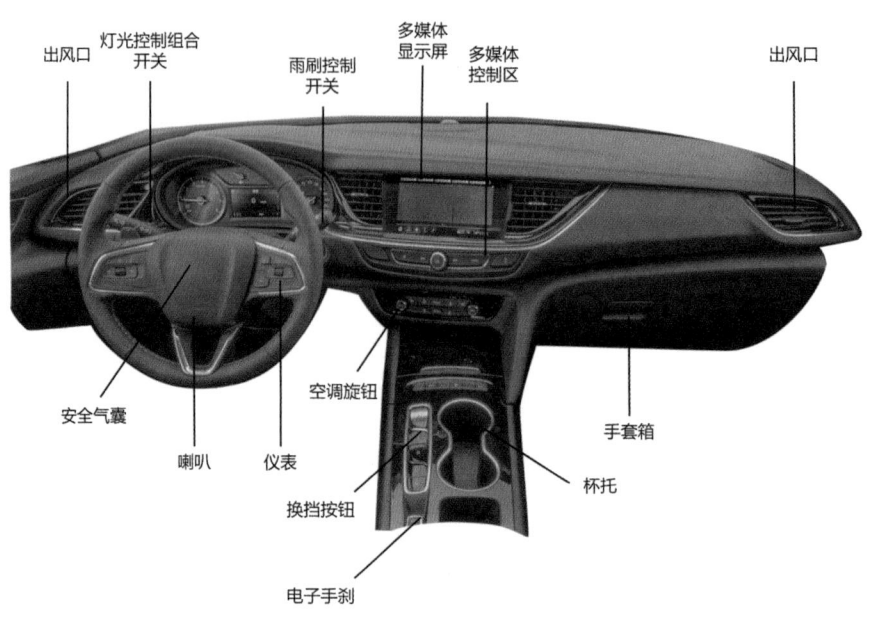

图7-14 汽车仪表板

7.3.2 仪表板视野设计

1. 仪表的布置设计

为确保驾驶过程中的安全性和舒适度，仪表板的空间布局应保证驾驶员在正常驾驶姿势下能够轻松阅读全部仪表，无需转动头部，并且方便操作各功能部件。在驾驶过程中，驾驶员需要实时监控交通和汽车内部状态，因此仪表板设计必须优先考虑满足驾驶员对视野性能的需求。眼椭圆是视野设计的关键工具，科学家对大量不同性别、体型的人员进行测试，发现在正常驾驶姿势下，不同体型的驾驶员调整座椅至舒适位置后，其眼睛位置在汽车内部坐标系中的分布范围近似椭圆体，这个范围被称为眼椭圆。

眼椭圆分为视切眼椭圆和包含眼椭圆。视切眼椭圆是由大量眼点位形成的百分表包络，对于95%百分位的视切眼椭圆，在眼椭圆任意一点引出切线，将会有95%的眼点位位于眼椭圆侧，即95%的驾驶员能够看到此角度，该切线则称为视野线；包含眼椭圆定义了一定百分比的眼椭圆边界，对于95%百分位的包含眼椭圆，有95%的眼点位被包含在眼椭圆内部（图7-15）。视切眼椭圆通常被运用在进行上下视野、可见性等模拟光线方向的场景中，包含眼椭圆通常被运用在需要利用眼点的具体位置做射线模拟光线的场景中。

视野是指人在特定限制条件下，眼睛能够察觉到的周围所有环境。在观察时，双眼会协同向同一方向转动，从而得到人体的视野范围（图7-16）。

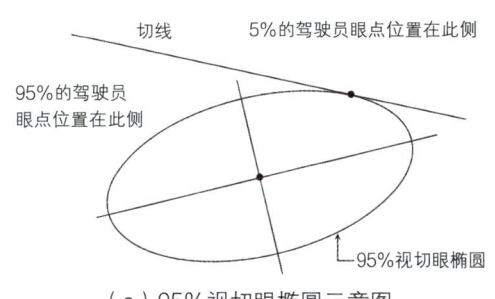
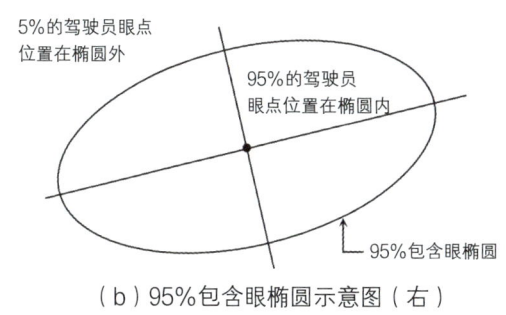

（a）95%视切眼椭圆示意图　　　　　（b）95%包含眼椭圆示意图（右）

图7-15　眼椭圆示意图

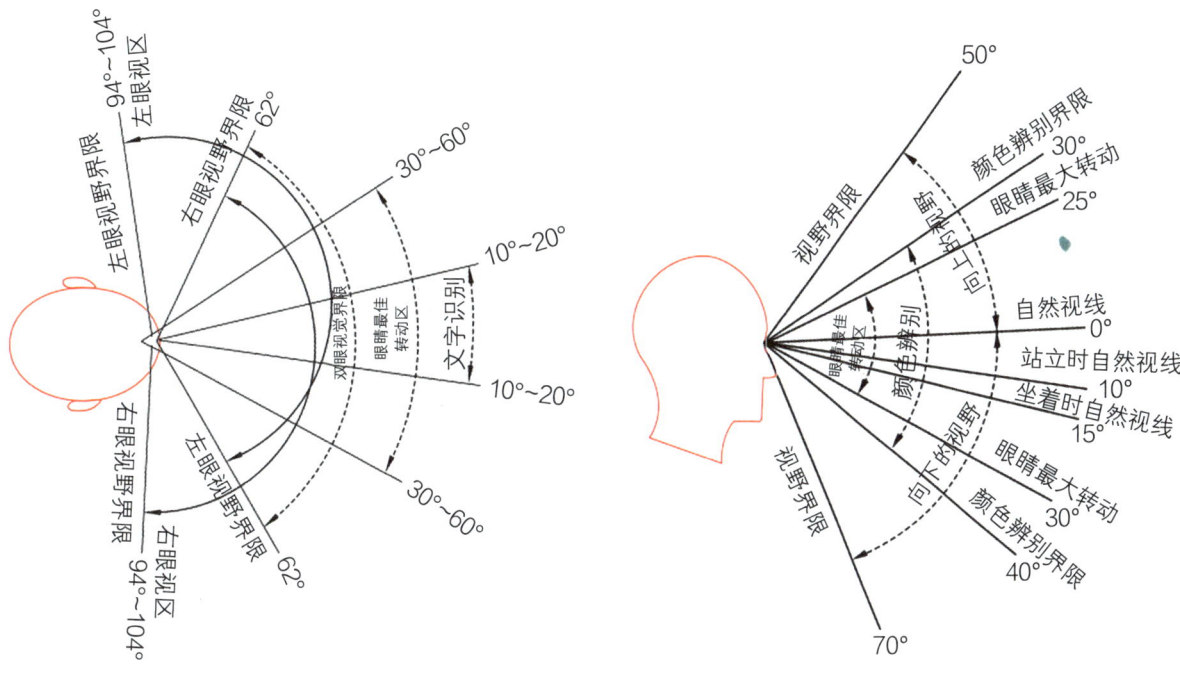

图7-16　人体视野范围及特性

在仪表视野设计时，常用第90百分位、第95百分位和第99百分位的眼椭圆（图7-17）。仪表与眼椭圆一般距离550mm为最佳，也可根据车辆设计要求有少许偏差。一般车辆方向盘可上下调节，高档车型可四向、六向调节，但人体眼椭圆通过方向盘观看仪表时，无论方向盘在任何调整状态下均不能遮挡仪表上的重要显示信息，尤其是车辆行驶时的故障报警灯信息。仪表上车速表、转速表、转向灯信息均需避开方向盘遮挡产生的视野盲区，以便于驾驶员在车辆行驶时读取。

2. 仪表板设计

（1）仪表板刻度盘结构

仪表板刻度盘本身的外形轮廓以及刻度和刻度线均对驾驶员的视认性有较

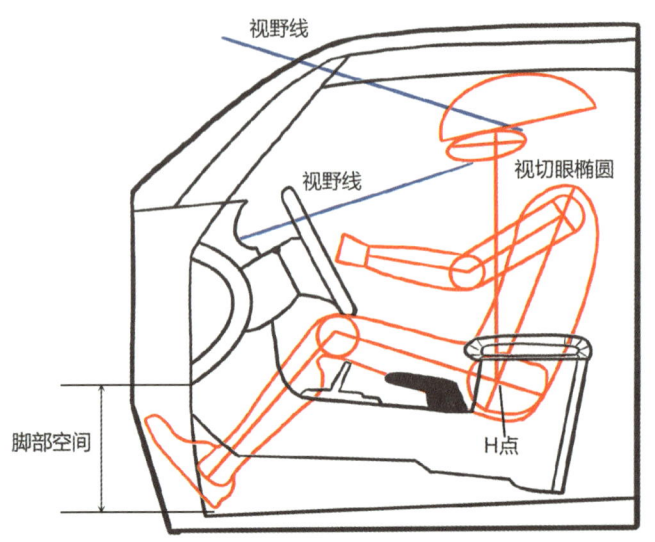

图7-17 驾驶员眼椭圆视野示意图

图7-18 常见几款汽车仪表板

大影响。汽车一般采用扇形仪表来提高认读的精确性、迅捷性。图7-18为常见的几款汽车仪表。刻度盘直径的尺寸应该是认读效果最佳数值0，实验表明，刻度盘直径从25mm开始增加尺寸，认读效率会有所提升，当直径超过80mm之后，认读效率反而降低，因此在设计中更推荐采取中间数值。圆形仪表最佳直径与目视距离（L）关系如表7-7所示。仪表板上刻度线的宽度通常情况下取间距的5%～15%，小刻度线的最小间距为L/600，大刻度线的最小间距为L/50。仪表的最佳尺寸还要考虑到人的视角，即瞳孔中心到被观察对象两端所张开的角度，最佳视角推荐值为2.5°～5°。

表7-7　　　　　　　　　　圆形仪表最佳直径　　　　　　　　　单位：mm

目视距离(m)	圆形仪表刻度显示最大数量值											
	5	9	19	38	50	70	100	150	200	250	300	350
0.5						25	36	54	72	89	107	125
0.9				25	32		64	96	129	161	193	225
1.8			25		64		129	193	257	322	386	450
3.6		25			129		257	386	514	643	772	900
6.0	25				214		429	643	857	1072	1286	1500

（2）仪表板颜色匹配

汽车仪表板的背景色和仪表指示灯颜色，不仅需要满足基础的照明功能，还应考虑人的视觉生理特性，以改善表盘的可视性，提高驾驶员对仪表信息的反应速度和判断准确性。这样的设计不仅是追求舒适性，还兼顾了安全性。

在驾驶时，驾驶员需要交替观察仪表板和外界环境，由于视觉残留效应，当视线从仪表板转向外界环境时，驾驶员的视觉中可能仍然存有刚刚仪表板上所显示颜色的残留影像，这可能导致视觉混乱，对驾驶员造成潜在的危险。因此，在选择颜色时，除了用不同颜色突出强调仪表板上的信息，还需要避免使用颜色的连续对比，以减轻驾驶员的视觉混乱现象，确保他们能够在驾驶过程中更清晰地感知和理解仪表信息。

仪表板的表盘颜色应满足驾驶员在不同环境下驾驶汽车的需要。以下是在考虑人眼识别特性的情况下对几种表盘颜色的简单分析。

白色：白色是一种相比其他颜色来说更加接近自然光的颜色，即使在光线较弱时人眼也能明显地看到信息，有着较高的信息接收效率。但与此同时，若白光光线较强，人眼的适应性会有所降低，进而降低驾驶员对四周环境的辨认能力，增加驾驶过程中的危险性。

黑色：黑色单独使用时，会略显沉重。然而黑色与其他颜色搭配使用时，便会凸显其他颜色。黑色更适合夜间的长时间注视，所以夜间的仪表板选用黑色底色比较合适。

蓝色：蓝色具有理智、准确的意象，可让驾驶员的精神与注意力得到提高。不过因为蓝色是日间天空的色调，所以容易让人产生一定的误判，应避免日间使用。

黄色：黄色是一种高可见性的色彩。当黄色与深色搭配时，它能够照亮黑色或其他深色的元素，形成鲜明的对比。然而，由于其高度显眼的特性，黄色与白色同时出现时可能分散视线，使人难以集中注意力。

通过对过往经验和人体工程学理论的综合分析，人们提出了关于颜色与视认性的具体理论数据，以优化仪表的易读性设计，如表7-8所示。

表7-8 颜色与视认性的关系

仪表板底色	刻度线颜色	误读率（%）
黑	白	21
淡黄	黑	17
白	黑	19
灰黄	白	25
浅蓝	白	21
浅绿	黑	21
天蓝	黑	18
墨绿	白	17

（3）仪表指示灯

为了让驾驶员可以及时地掌握汽车的行驶信息，做出迅速准确的判断，仪表板的信号指示灯必须醒目且易读。目前，国际上已经形成一套通用的指示灯标准图形体系，它能够让驾驶员在任意环境、任意车型中以最快的速度得到信号指示，如图7-19所示。

仪表指示灯颜色在原则上遵循人对颜色信号的客观认知规律，指示灯的亮度主要由环境、气象、警戒级别等因素决定。常用指示灯颜色如表7-9所示。

图7-19 汽车仪表指示灯

表7-9 常用指示灯颜色

颜色	含义	用处
红色	警戒、禁止、停顿等危险异常状态	驻车制动、安全带、ABS、制动器、机油压力、车门灯等
黄色	指令，表示强制行为	发动机故障、刹车片磨损、SVS、燃油报警等
蓝色	安全、正常状态	转向灯、大灯、位置灯、雾灯等
绿色		

第7章 汽车设计与人体工程学

7.3.3 仪表板的操控人体尺寸设计

1. 手伸范围

仪表板为与驾驶员距离较近的部件，其负载着多媒体、空调、玻璃升降等控制按键。为降低驾驶风险，保证驾驶员在行车过程中不移动身体就可轻松触按控制按键，需将所有在车辆行驶中需要驾驶员经常操作的按键或其他操控装置布置于驾驶员手伸范围内，减少驾驶时注意力分散（图7-20）。一般情况下，控制按键与人体肩点的距离控制在700mm以内。

按照JB/T 5062—2006《信息显示装置 人机工程一般要求》，手操纵件、指示器及信号显示装置的布置为：最重要的或常用的显示装置必须布置在操作者易接受信息的最佳位置。特殊情况下，仪表板由于空间限制及造型需要，可根据实际情况进行优化布置，但仍需结合人体手臂尺寸进行合理布置。

2. 空调出风口的布置设计

空调出风口是车辆内部调节风向的主要装置。为保证出风效果，建议风口距离眼椭圆小于653mm，风口内壁截面积大于350mm²。

当座椅滑至最后位置时，要求风口能吹到99%的假人头部的眼点区间（M区域），往下要求能吹到50%假人的大腿（P区域），如图7-21所示。

3. 扶手箱布置要求

副仪表板主要结合人体操纵舒适性布置换挡杆、手刹、扶手箱等零部件。为便于驾驶员操作，一般换挡杆各个挡位状态下手球与周边零部件距离需大于40mm。扶手箱上边界线需结合换挡杆和手刹运动包络确定。当换挡杆处于最后位置时，以球头的最高点为圆心，以40mm为半径画圆，若以50/60mm为半径画圆，换挡舒适性更好，做一条与此圆相切并且与X轴成8°的直线，由此直线确定扶手箱的上边界线（图7-22）。手刹拉起状态下扶手箱不得磕碰人体手臂。但考虑整车设计状态需求，在扶手箱滑至最后位置时拉起手刹，扶手箱不干涉手臂也可接受。考虑人体坐姿肘部支撑高度舒适性，人体左侧肘支撑点即门扶手高度与人体右侧肘支撑点扶手箱高度差需小于15mm。考虑门护板对侧碰影响，可将高度差适当放大到25mm。

4. 内部凸出物

按照GB 11552—2009《乘用车内部凸出物》，车身内部除内后视镜以外的所有零部件，统称为车内部构件，包括操纵件、顶盖或活动顶盖、座椅靠

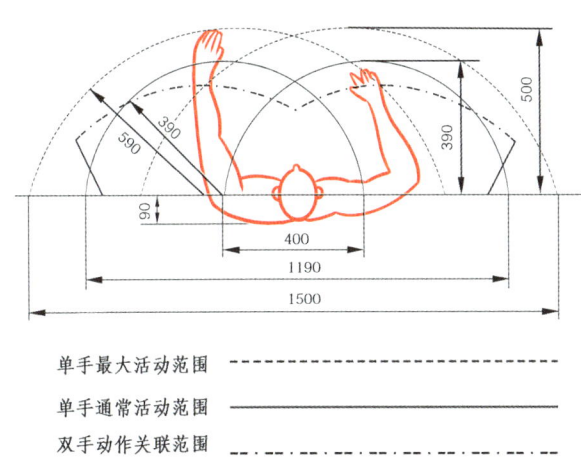

图7-20 人体工作手伸范围（单位：mm）

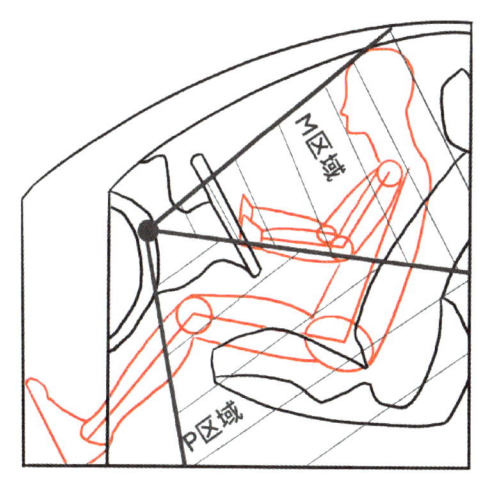

图7-21 空调出风口出风面积示意图

背和座椅后部零件，以及车窗、天窗和隔断系统的电操作零件等。对于在车辆碰撞事故中，乘员身体可能触及的区域，特别是头部碰撞区，应避免有任何可能增大乘员严重伤害风险的凸出物。针对其他区域内凸出物的形状、尺寸、刚度等因素，该规定对造型特征及曲率圆角等提出了相应的明确要求。

以下为仪表板及附属零部件特征半径与高度关系：

（1）当开关、按钮等零部件特征凸出高度在3.2~9.5mm时，距离凸出部分顶点2.5mm处的横截面面积不应小于200mm^2，且凸出物边缘的曲率半径不应小于2.5mm。

（2）当零部件凸出仪表板表面的高度超过9.5mm时，用一直径不大于50mm的平端压头，在其上施加378N的向前纵向水平力，零部件应能缩回仪表板或脱落；当缩回时，其凸出高度应在9.5mm以下；当脱落时，在原来位置上不应留下高度超过9.5mm的危险凸出物；距离凸出部分顶点不超过6.5mm处的横截面面积不应小于650mm^2。

仪表板上格栅零部件吹面风口、除霜风口等应根据叶片间距确定最小圆角半径。

对于具有储物功能的零部件，在关闭状态时其棱边应满足3.2mm半径的要求，杂物箱只考虑其关闭位置。当操纵杆和按键受到一个378N向前纵向水平力作用时，处于对人体最不利位置的凸出物应降至距板面25mm以内或脱落或弯曲变形。当其脱落或弯曲变形时，在原位置上不应留下危险凸出物。

7.3.4 座椅系统概述

座椅系统在汽车内饰中具有重要地位，它不仅要为驾乘者提供必要的支撑和包裹感，同时也要确保便利的车内进出和驾驶操作。除此之外，座椅系统还需有效地约束驾乘者并提供舒适的使用体验。它在平衡安全性和舒适性方面发挥着关键的作用。座椅系统是整车系统中除动力系统外最昂贵的系统部件之一，对汽车的安全性、舒适性以及品质感都有着至关重要的影响。前排座椅的种类和功能各

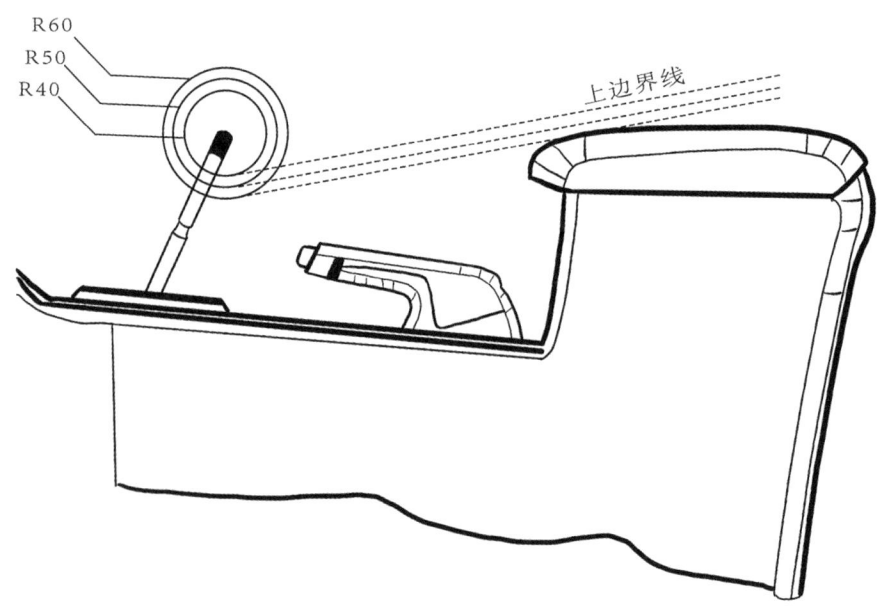

图7-22 扶手箱换挡杆位置

异,一般而言,它们是单独设立的,并配备了前后移动、高度调整以及背靠角度调控等功能,以便根据不同的驾驶员或乘客身形进行调节。后排座椅则根据不同车型的需求,有不同的结构形式。例如:对于SUV车型,通常要求后排座椅靠背可翻倒,且翻倒后座椅背面与行李箱齐平,以获得较大的行李箱空间;对于7座MPV(图7-23),则要求二、三排座椅有滑动、翻转、放平、旋转等多种功能,以实现车内空间的有效组合和利用。

座椅系统组成零件的种类及数量繁多,且结构复杂。前排座椅的基本组成如图7-24所示。一般而言,座椅系统主要由以下几部分组成。

(1)座椅骨架

座椅骨架在座椅中扮演了重要的角色,其功能可以与人类的骨骼做类比,负责承重和支持座椅的静态与动态负载。它包含座椅的大部分零件,如发泡部分、面套、座椅侧饰板、座椅功能件等,是直接或间接连接的基础和支撑。

(2)座椅发泡

座椅发泡是座椅的核心组成元素,其位置位于座椅骨架和面套之间,主要职能是为用户提供优秀的乘坐体验和舒适度。另外,当车辆在行驶过程中遭遇摇摆或撞击,座椅发泡作为一种能量吸收体,可以有效地缓解冲击力,进一步保障乘客的舒适与安全度。

(3)座椅面套

座椅面套是覆盖于座椅填充材料之上的外部覆层,它是座椅的视觉和触

图7-23 MPV座椅

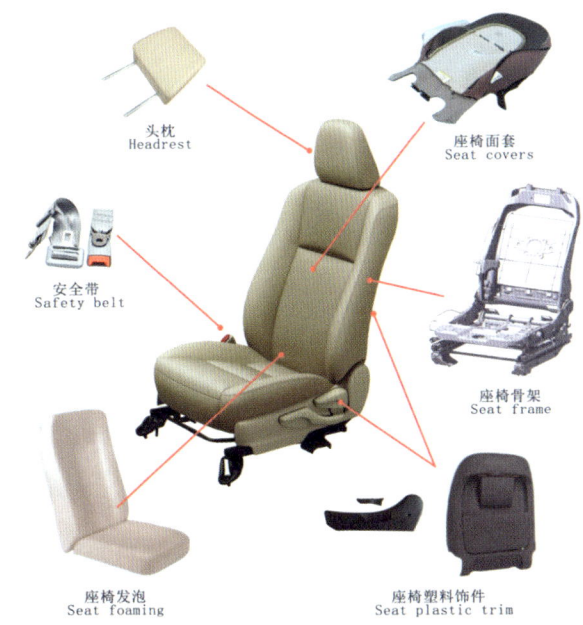

图7-24 汽车前排座椅的基本组成

觉接触点。面套制作会采用多种材料、颜色及纹理样式的面料，经过精确裁剪和缝合工艺完成。这样的包覆不仅确保了座椅展现出吸引眼球的视觉效果和柔软的手感，还能够适应用户对座椅外观和感觉多样化的个性化需求。

（4）座椅塑料饰件

座椅塑料饰件与面套配合，以遮蔽座椅内部结构，满足美观效果并且遮蔽锐边，包括内外侧饰板、滑轨端盖、支脚饰盖、椅背板等。

（5）座椅功能件

座椅功能件是座椅的附加结构，使座椅在满足最基本功能的前提下，扩展出更多的使用功能，进一步提高座椅的安全性、舒适性、便利性。比如提升安全性能的头枕、气囊、安全带未系报警感应垫；提升舒适感的扶手、腰托、腿托，以及座椅加热系统、通风系统、缓解长途驾乘疲劳的按摩系统；提供储物功能的杯托、鞋盒、小桌板等。

7.3.5 座椅系统的功能设计

1. 座椅系统的功能设计

（1）坐垫。人处于坐姿时，人体重量除了集中在靠背外，主要集中在坐垫上。分布在坐垫上的压力也存在一定的规律：人体坐骨处的压力最大，大腿处压力最小，压力由坐骨处向大腿外逐渐减弱。这一规律验证了人体解剖学特性：坐骨处是人体最能承受压力的地方。在设计座椅时应结合应力分布规律进行设计，保证驾驶的舒适性。人体坐压力分布如图7-25所示。

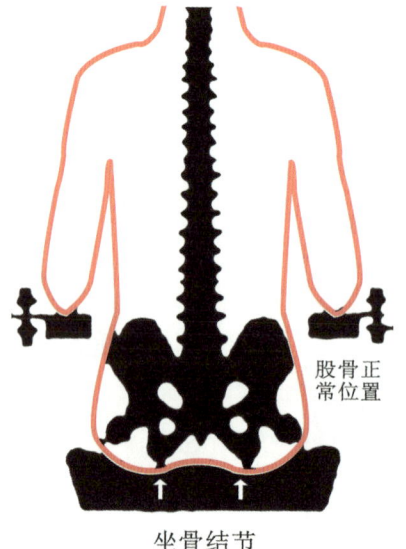
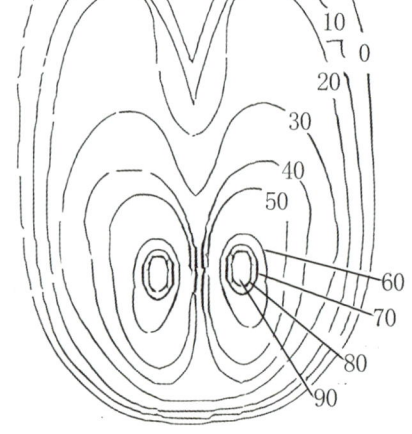

图7-25　人体坐压力

坐垫的主要设计参数为坐垫倾角与坐垫深度。坐垫倾角应满足安全性与舒适性，通常在2°～10°。GB 7258—2017《机动车运行安全技术条件》中明确要求各个位置座椅的坐垫深度≥400mm，宽度≥400mm。坐垫深度首先应充分利用靠背，再使臀部得到适当支撑。坐垫深度过大会使身体前移而腰部不能得到充分支撑，引起疲劳；坐垫深度过小会造成腿部得不到相应的支撑，引起疲劳，一般取 400～480mm。此外，通常座椅坐垫压陷量要求控制在35～60mm，靠背压陷量要求控制在25～45mm，如图7-26所示。

（2）座椅骨架。座椅骨架是指支撑和连接座椅零部件的框架，它是座椅中的重要组成部分。座椅强度指的是座椅骨架强度，属于汽车整车强制认证检测项目之一，应符合GB 15083—2019《汽车座椅、座椅固定装置及头枕强度要求和试验方法》。座椅骨架的设计需要兼顾强度、刚性、耐久性、舒适性、制造可行性、装配要求等多重因素，同时还必须考虑成本和重量。

（3）头枕。头枕的设计宗旨在于减少交通事故发生时驾驶员头部的移动距离，以此来保障颈椎的安全，并降低驾驶员在行车过程中颈部的疲劳感，确保驾驶体验的舒适度。GB 15083—2019中定义了头枕尺寸要求，包括头枕高度和宽度、枕用高度、头枕与靠背间隙等，具体见表7-10。特别强调，除后排中间头枕外，其余头枕在750mm以下应无"使用位置"，即头枕在低于750mm的范围内应不能锁止。汽车座椅头枕尺寸的测量，如图7-27所示。

（4）靠背。靠背强度与造型为靠背设计主要考虑的技术因素。靠背造型主要考虑使人体背部肌肉得到放松，以及方便乘坐人员休息使用，所以靠背造型应符合人体自然曲线，靠背倾角应可调。当人们倚靠时，靠背上承受的

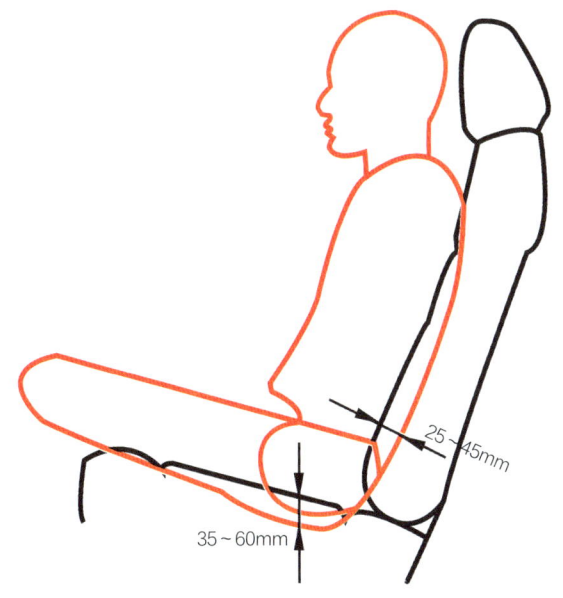

图7-26　座椅压陷量示意图

表7-10　　汽车座椅头枕尺寸要求　　　　　　　单位：mm

座椅	头枕高度 （最高位置）	头枕宽度（沿躯干角从头枕顶部 向下65mm处）	头枕与靠背间隙
前排座椅	≥80	≥170	可调节头枕≤25 固定式头枕≤60
其他座椅	≥750	≥170	可调节头枕≤25 固定式头枕≤60

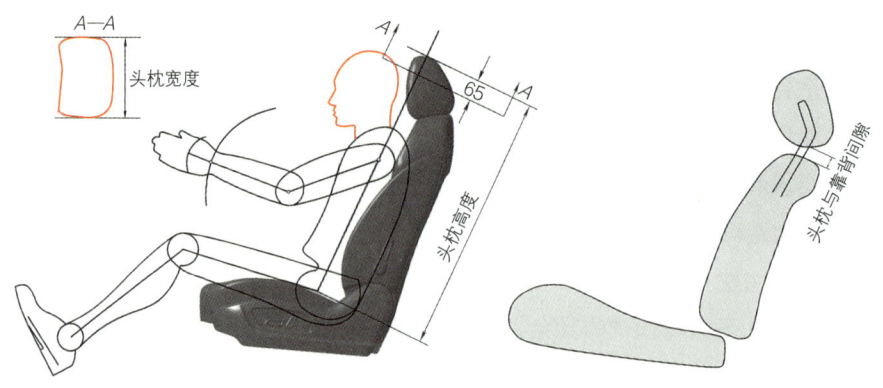

图7-27　头枕高度及宽度测量示意图

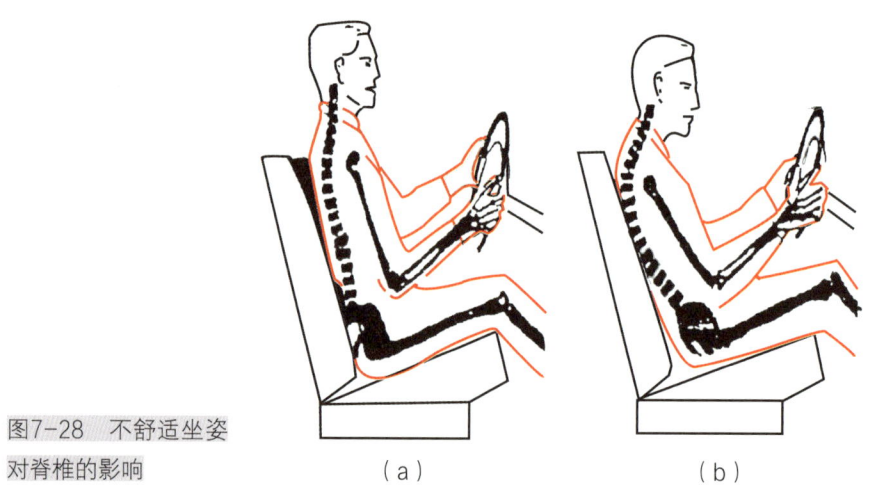

图7-28　不舒适坐姿对脊椎的影响

（a）　　　　　　（b）

压力分布并不平均。压力主要集中在肩胛骨和腰椎处，而从这两部分向外扩散，压力逐渐减小。在人体脊柱结构中，肩靠对应第五、六胸椎，腰靠对应第四、五腰椎，因此在座椅设计中需要重视对这两部分胸椎和腰椎的支撑，否则会造成损伤，具体如图7-28所示。

2. 人体工程学在汽车座椅设计中的应用

（1）人体工程学对汽车座椅的要求

①贴合感：座椅靠背、坐垫符合人体形状，与其有较大的接触面积，增

加舒适度。

②横向稳定性：座椅能够承受一定的侧向力，使人体受到侧向力作用时有所支撑。

③背部和腰部的合理支撑：汽车座椅应有合适的形状与位置，对脊柱有所支撑。

④各部合适的软硬感：座椅的作用是对乘坐人员身体提供支撑，其表面硬度应适中。近年来逐渐发展出在座椅发泡表面粘贴软泡棉、迷宫发泡、垂直双硬度发泡等多种方式（图7-29），进一步提升舒适性，使乘员乘坐初期得到比较柔软的触感体验，而在长途驾乘后，又能感觉到座椅良好的支撑性。

通过增加一些贴心的设计，也可以带来更好的品质感受，例如增加可调节侧翼的睡眠头枕，或是增加触感柔软的头枕衬垫（图7-30），以缓解长途乘坐的疲劳。此外，选用触感良好的面料来包覆座椅也不失为一种提升舒适性和品质感的方式。

（2）座椅的结构参数

座椅的构造细节需满足振动下的舒适度、操作的便利性和坐姿的舒适性等要求。需要结合实验数据进行确定，以确保构造参数的精准性。

（3）座椅的空间位置布局

座椅的空间位置要保证驾驶员乘坐舒适性，同时还要满足人体尺寸要求。座椅的空间位置布局，需保证驾驶员有开阔的视野范围，与方向盘、离合踏板、制动踏板等操作部件有合适的距离，方便舒适地进行操作。将汽车设计和人体的舒适坐姿联系起来，布置座椅的位置，确定操纵装置与座椅之间的相对距离。座椅的高、宽、倾斜度、座深，靠背的高度、与座面的夹角等按照舒适坐姿选择，同时确定座椅在水平方向和垂直方向的调节量（图7-31）。

（4）座椅的静态特性。汽车座椅需要有良好的静态特性，即座椅的形状尺寸应与人体的舒适性坐姿相吻合。座椅具备尺寸调整和位置变动的功能，使驾驶员在乘坐中感受到舒适稳定，同时操作便利。保证驾驶座椅静态舒适性的主要因素分为以下几类：

①座椅的位置与其驾驶空间相协调，便于人员作业。

②根据人体尺寸确定座椅尺寸。

图7-29　座椅发泡表面粘贴软泡棉

图7-30　舒适头枕应用实例

③为适合各种坐姿，座椅应能适当调节，人体舒适坐姿关节角度如图7-32所示。

④座椅表面所使用材料，应具有减震功能。

由生物力学分析可知，最舒适的坐姿是臀部稍离靠背向前移，使上身略向上后倾斜，保持上身与大腿间角度在95°～120°。同时，小腿向前伸，大腿与小腿、小腿与脚掌之间也应达到一定角度。进行驾驶座椅设计，应充分考虑驾驶室特定的空间与环境。

（5）座椅的动态特性。汽车行进过程中，震动是影响汽车座椅舒适性的首要因素。其中坐垫的阻尼系数和刚度对有悬架的汽车座椅舒适性影响最

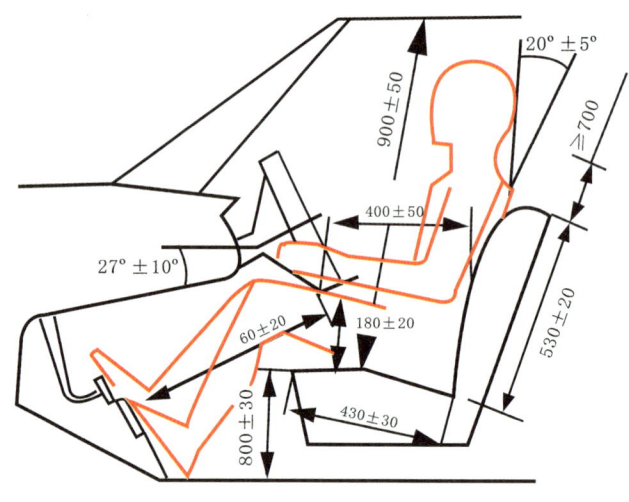

图7-31 驾驶座椅空间布局图（单位：mm）

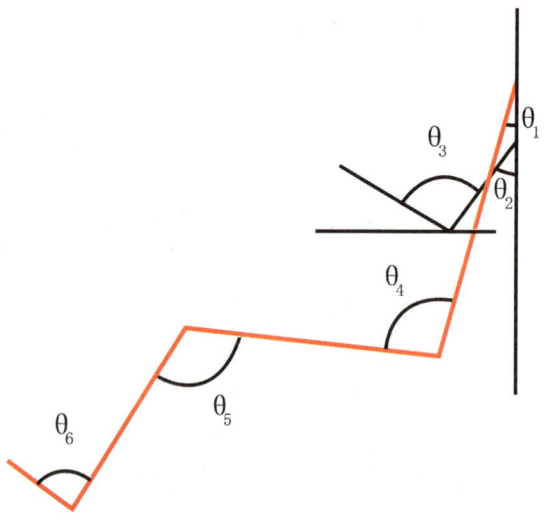

$10°<\theta_1<20°$ $15°<\theta_2<35°$ $80°<\theta_3<90°$
$95°<\theta_4<120°$ $100°<\theta_5<120°$ $86°<\theta_6<95°$

图7-32 舒适坐姿的关节角度

大；对于非悬架座椅，座椅刚架结构的动态性能、阻尼系数及刚度对汽车座椅的舒适性影响最大。质量与摩擦等其他因素对汽车座椅的动态舒适性影响不大。综上可知，座椅刚度与阻尼系数对座椅的动态特性影响最为主要。地面的凹凸不平引起车辆随机震动和车身固有的机械振动是产生驾驶疲劳的主要因素。因此，设计时应尽量减少人体的震动。具体措施如下：降低对人体最有影响的高频振动、驾驶座椅与汽车的共振，减弱震动的传递；降低乘员10Hz附近的振动传递率。

本章小结

汽车内饰设计与人体工程学之间存在着密切的关系。人体工程学是研究人与机器交互方式的科学，它关注如何设计和布置使用户能够与设备和环境有效、安全、舒适地互动。在汽车内饰设计中，必须考虑到驾驶员和乘客的身体尺寸、操作习惯、舒适度和安全性。座椅设计不仅需要美观，更要考虑人体工程学，确保长时间驾驶也能保持舒适和减少疲劳。方向盘、仪表板、中控台等的布局和设计要确保驾驶员可以轻松、直观地使用，同时减少分心的因素，确保驾驶安全。此外，内饰材料的选择也要考虑对人体的影响，如使用无毒、低刺激的材料，以及确保车内良好的通风和温度控制，以提高整体舒适度。通过科学的设计提升用户体验，确保驾驶员和乘客的舒适性与安全性。

课后练习

1. 选择一款商用车，考虑设计驾驶室扶手和踏板时要注意哪些人机因素。
2. 讨论不同类型的商用车设计对驾驶员视野的影响程度。
3. 分析现代汽车座椅的三个关键设计要素，以及如何提升驾驶舒适性。
4. 设计一个简单的汽车仪表板布局，考虑驾驶员的可视性和操作便利性。
5. 描述一种理想的汽车座椅设计，该设计应遵循哪些人体工程学原则？
6. 如果考虑到不同驾驶员的需要（如不同的体型、身高、驾驶习惯等），那么理想的汽车座椅设计应该是怎样的？
7. 阐述人体工程学在汽车座椅设计中的重要性。
8. 列举设计扶手箱时需要考虑的人体工程学原则。
9. 解释驾驶员在使用汽车仪表板时可能面临的认知负担，并提出减轻这些负担的设计建议。
10. 讨论面向无人驾驶汽车的乘客体验设计，以及如何通过仪表板人体工程学设计来确保乘客的舒适性和安全性。

参考文献 REFERENCES

[1] 建筑知识编辑部. 住宅的设计尺寸解剖书[M]. 周颖琪, 译. 上海: 上海科学技术出版社, 2015.

[2] 家居协会. 家居设计解剖书[M]. 陈玥蕾, 译. 江苏: 江苏科学技术出版社, 2016.

[3] X-Knowledge. 住宅设计解剖书: 隔断收纳整理术[M]. 刘峰, 译. 江苏: 江苏科学技术出版社. 2015.

[4] 尹婷玉, 石宝艳, 王新宇, 等. 某重型商用车驾驶室外饰人机设计[C]//中国汽车工程学会(China Society of Automotive Engineers). 2021中国汽车工程学会年会论文集(7). 一汽解放汽车有限公司, 2021: 7.

[5] 近藤典子. 尺寸间的井井有条——日本收纳教主近藤典子手绘图鉴[M]. 北京: 中国建筑工业出版社, 2016.

[6] 罗伯托·J·伦格尔. 室内空间布局与尺度设计[M]. 武汉: 华中科技大学出版社, 2017.

[7] 巴克. 办公空间设计[M]. 董治年, 等, 译. 北京: 中国青年出版社, 2015.

[8] 李朝阳. 室内空间设计(第三版)[M]. 北京: 中国建筑工业出版社, 2011.

[9] 肖然, 周小又. 世界室内设计 住宅空间[M]. 江苏: 江苏人民出版社, 2011.

[10] 刘盛璜. 人体工程学与室内设计[M]. 北京: 中国建筑工业出版社, 2004.

[11] 程瑞香. 室内与家具设计人体工程学(第二版)[M]. 北京: 化学工业出版社, 2016.

[12] 沈源. 家居精细化设计解剖书[M]. 北京: 化学工业出版社, 2017.

[13] 张月. 室内人体工程学(第三版)[M]. 北京: 中国建筑工业出版社, 2012.

[14] 吕荣丰. 人体工程学[M]. 重庆：重庆大学出版社，2014.

[15] 曹祥哲. 人机工程学[M]. 北京：清华大学出版社，2018.

[16] 罗盛. 人体工程学应用[M]. 北京：哈尔滨工程大学出版社，2015.

[17] 刘盛璜. 人体工程学与室内设计[M]. 北京：中国建筑工业出版社，2004.

[18] 陶泉. 手部损伤康复[M]. 上海：上海交通大学出版社，2009.

[19] 田菊霞. 正常人体结构[M]. 北京：高等教育出版社，2008.

[20] 束苇. 依人体工程学设计的手电钻[J]. 电动工具，2004，2：12-15.

[21] 郭伏，钱省三. 人因工程学[M]. 北京：机械工业出版社，2018.

[22] 丁玉兰. 人因工程学[M]. 北京：北京理工大学出版社，2011.

[23] 张建雄，李世春. 人机工程学[M]. 成都：电子科技大学出版社，2019.

[24] 李维立，曹祥哲. 人机工程学[M]. 北京：人民邮电出版社，2017.

[25] 孙铭壑. 高速列车驾驶室光环境研究[D]. 北京：北京交通大学，2012.

[26] 王帅旗. 船舶驾驶室布置人机工程设计及其应用[D]. 哈尔滨：哈尔滨工程大学，2012.

[27] 毛恩荣，张红，宋正河. 车辆人机工程学[M]. 北京：北京理工大学出版社，2007.

[28] 张启亮，杨伟. 办公座椅设计中人体工程学分析[J]. 兰州工业高等专科学校学报，2011，18（04）：52-54.

[29] 史喜珍. 人体工程学在工业产品设计中的应用[J]. 机械工程与自动化，2004（01）：23-24，26.

[30] 张磊，石学岗，江黎，等. 座椅人机工程设计研究综述[J]. 机械设计，2014，31（06）：97-101.

[31] 汪洋，陈斌，李云. 国内外办公椅人体工学分析[J]. 硅谷，2013，6（13）：138，141.

[32] 宁烁. 办公用椅设计中的人体工程学分析[J]. 广东蚕业，2017，51（11）：22.

[33] 周丽芸. 基于人因工程学对户外坐具尺度人性化探析[J]. 设计，2017（01）：102-103.

[34] 黄一鸿. 中国传统坐具发展浅析[J]. 美术教育研究，2012（18）：59.

[35] 张涛. 从人机工程学的角度分析坐具设计下的人文关怀[J]. 工业设计，2015（07）：62，66.

[36] 邱国华. 汽车内外饰设计[M]. 北京：机械工业出版社，2019.

[37] 曹海燕. 基于人机工程学的汽车驾驶室座椅设计研究[J]. 汽车实用技术，2021（07）：57-59.

[38] 田福松，罗龙飞. 基于人机工程学的汽车座椅设计研究[J]. 农机使用与维修，2014（10）：26-27.

[39] 于金生，张浩，李龙. 关于汽车仪表板设计

中的人机工程[J].汽车与配件,2016(6):82-85.

[40] 郭炳田.基于用户体验的汽车仪表板设计与研究[D].阜新:辽宁工程技术大学,2021.

[41] 王琪,孙玉萍.汽车仪表盘显示的人机系统分析[J].内燃机与配件,2019(13):3.

[42] 江萍.乘用汽车内饰材料的发展趋势及选材方法[J].武汉理工大学学报(信息与管理工程版),2009,31(04):606-609.

[43] 李琦.基于模糊层次分析法的汽车内饰中控布局设计研究[J].设计,2023,36(21):104-106.

[44] 王现武.汽车人机工程设计中人体数据应用方法分析[J].时代汽车,2018(08):86-87.

[45] 姜莞.商用车人机工程设计与评价方法的研究[D].长春:吉林大学,2007.

[46] 刘森海,李松涛,曹树魏,等.重型商用车驾驶室人机工程优化分析[J].图学学报,2017,38(04):509-515.

[47] 杨锆,刘加海,杨向农,等.基于信息产品的人机工程学[M].北京:清华大学出版社,2015.

[48] 何灿群,陈润楚.人体工学与艺术设计(第3版)[M].长沙:湖南大学出版社,2020.